辽宁省优秀自然科学著作

朝阳生物群与朝阳凤凰山 景区地质构造

白天莹　刘守华　王秀芹　张金良　著

辽宁科学技术出版社

沈　阳

图书在版编目（CIP）数据

朝阳生物群与朝阳凤凰山景区地质构造 / 白天莹等
著 . —沈阳：辽宁科学技术出版社，2018.8
（辽宁省优秀自然科学著作）
ISBN 978-7-5591-0863-0

Ⅰ.①朝…　Ⅱ.①白…　Ⅲ.①生物群—古生物学—
研究—朝阳　②凤凰山—地质构造—研究—朝阳　Ⅳ.
①Q911.723.13　②P548.231.3

中国版本图书馆CIP数据核字（2018）第164648号

出版发行：辽宁科学技术出版社
　　　　　（地址：沈阳市和平区十一纬路25号　邮编：110003）
印 刷 者：辽宁鼎籍数码科技有限公司
经 销 者：各地新华书店
幅面尺寸：185 mm × 260 mm
印　　张：10.5
插　　页：4
字　　数：230千字
出版时间：2018年8月第1版
印刷时间：2018年8月第1次印刷
责任编辑：陈广鹏　郑　红
封面设计：李　嵘
责任校对：李淑敏

书　　号：ISBN 978-7-5591-0863-0
定　　价：100.00元

联系电话：024-23280036
邮购热线：024-23284502
http://www.lnkj.com.cn

朝阳凤凰山与麒麟山地质构造和化石种类比较研究
课题成员

白天莹，三级教授，学士学位，从事生物学教学、陈列馆管理和古生物研究。

刘守华，教授，学士学位，从事微生物学教学和微体古生物研究。

曲丽君，教授，硕士学位，从事生物学教学和古生物研究。

王秀芹，副教授，学士学位，从事动物学教学和动物化石研究。

王　莉，副教授，硕士学位，从事地理学教学、地质构造和地史研究。

张　莺，讲师，硕士学位，从事植物学教学和植物化石研究。

廉玉利，副教授，硕士学位，从事分子生物学教学、细胞和分子水平的化石研究。

席桂梅，副教授，学士学位，从事物理学教学和岩石物理学研究。

韩　旭，讲师，硕士学位，从事检测分析教学和岩石成分检测分析研究。

张金良，讲师，硕士学位，从事矿物加工教学和岩石成因研究。

韩佳宏，讲师，博士在读，从事矿物加工教学和岩石成分研究。

丁春江，讲师，博士在读，从事矿物加工教学和岩石成分研究。

李慧莉，高级工程师，学士学位，从事材料微观显微分析研究。

岳增川，讲师，硕士学位，从事矿物加工教学、岩石类型和性质研究。

胡秀明，讲师，硕士学位，从事矿物加工教学、岩石类型和性质研究。

张朝辉，化石修复师，从事陈列馆的化石修复工作。

邵玉兰，高级实验师，从事生物学实验分析研究。

李依娜，讲师，硕士学位，从事检测分析教学和实验研究。

作者简介

白天莹，1961年生，毕业于辽宁师范大学，现任朝阳师范高等专科学校自然陈列馆副馆长。2007年发现了朝阳市凤凰山和麒麟山远古生物的化石，2015年申请了省级课题，她带领团队通过系统的考察和研究发现并命名了"朝阳生物群"。

其所发表的《中元古代食肉动物化石的发现及其意义》《朝阳生物群的发现命名和研究利用前景》的文字拉开了朝阳生物群研究的序幕。朝阳生物群的发现把多细胞动物起源的历史向前推进至少8亿年，不仅与百年来古生物学公认的"寒武纪生命大爆发"的理论产生了碰撞，而且证实了雾迷山组具有生物形态的燧石结核是中元古代化石的主要形态，这是对200年来中外地质科学家研究的"燧石由海底热液形成"理论的突破和进一步完善。《朝阳生物群与朝阳凤凰山景区地质构造》一书是对该研究成果的全面论述。

白天莹曾多次获朝阳市"优秀教师""优秀共产党员"，辽宁省"先进工作者""师德标兵"和"职业道德十佳标兵"荣誉称号，同时授予"辽宁五一劳动奖章"。

前 言

　　了解过去，探索未来，一直是人类热切求知的科学内容。化石则是打开地球演化、生命起源和生物进化奥秘的钥匙。

　　18世纪英国的威廉·史密斯（W.smith，1769—1839）在1817年提出的"化石组合"鉴定地层的层位和层序的方法为历史地质学奠定了牢固的基础，创立了生物地质学，被誉为"地层学之父"。同时代的法国科学家居维叶（G·Cuvier，1769—1832）研究了巴黎盆地沉积地层，明确地认识到，不同时代的地层中有不同的化石。其在《论地球表面的变动》中特别强调了地质过程的突变和飞跃过程，并提出了著名的"灾变论"。英国地质学家赖尔（C.Lyell，1797—1875）在1830—1833年撰写的《地质学原理》一书中以丰富的资料说明了地球表面的演变是在漫长历史进程中由于内力（地震、火山）和外力（风、雨、温度变化等）的长期作用而缓慢发生的，提出了"渐变论"观点，这本书被称为地质学上划时代的著作。英国博物学家达尔文（C.R.Darwin，1809—1882）在1859年出版的《物种起源》中用大量资料证明了形形色色的生物都不是上帝创造的，而是在遗传、变异、生存斗争和自然选择中由简单到复杂、由低等到高等而不断发展变化的，并据此提出了"生物进化论"的观点。进化论是人类历史上继哥白尼提出"日心说"后的第二次重大科学突破。

　　1896年法国物理学家安东尼·亨利·贝克雷尔（Antoine Henri Becquerel，1852—1908）发现天然放射性后，20世纪初人们发明了同位素地质测定法测定地球年龄，由此知道了地球诞生已有46亿年。不同地质构造上保存的化石是一座座穿越时空的地质丰碑，铭刻着太古代、元古代、古生代、中生代和新生代的地质历史，记录了从海洋到湖泊再到陆地沧海桑田的变迁，描绘出生命从简单、低等、单一到复杂、高等、多样的进化规律，是一部大自然雕琢的生命演化的画卷。

　　1880年法国神父戴维（David）到今辽西凌源考察，发现并采集到第一批鱼化石，被法国鱼类学家索瓦士（Sauvage）命名为戴氏狼鳍鱼（*Lycoptera davidi*），翻开了热河古生物"百科全书"的第一页。1928年美国地质古生物学家葛利普首次提出"热河动物群"，1962年我国古生物学家顾知微院士提出"热河生物群"的概念。直到20世纪80年代，对三塔中国鸟和燕都华夏鸟的研究真正拉开了热河生物群研究高潮的序幕。中华龙鸟、孔子鸟等大量带羽毛的恐龙和早期鸟类化石的发现，震惊了世界古生物学界，揭开了鸟类起源的奥秘，彻底颠覆了德国始祖鸟鸟类始祖的地位，国外权威学者把这些发现誉为"中生代原始鸟类的灯塔"。辽宁古果、中华古果等的发现，将被子植物起源的历史向前推进了1500万年，证明了朝阳是世界上第一朵花绽开的地方。攀援始祖兽、沙氏袋兽、巨爬兽等的发现证明了朝阳是哺乳动物起源的摇篮。在朝阳这块热土上蕴藏着极其丰富的动植物化石标本，构成了系统完整的"热河生物群"。它是窥视中生代白垩纪1.25亿年前自然演化和生命进化的一扇天窗。朝阳化石因其"物种之丰富、保存之完美、生命演化之连续"堪称世界古生物化石的宝库。

1984年在云南澄江县帽天山首次发现软体动物化石，由此拉开了澄江生物群研究的序幕。除了低等植物藻类外，大量代表现生各个动物门类的动物化石也同时出现，它们保存在细腻的泥岩中，动物的软体附肢构造保存得精美且呈立体保存。澄江生物群比中寒武世的加拿大布尔吉斯页岩生物群早1000多万年。1982年贵州凯里生物群的发现，填补了早期后生生物演化历史的空白，在澄江生物群和布尔吉斯页岩生物群之间起到了承前启后的演化作用。澄江生物群、凯里生物群和加拿大布尔吉斯页岩生物群构成了全球三大布尔吉斯页岩型生物群，向人们展示了寒武纪5.3亿年前生命大爆发的壮丽场景。1998年我国南方埃迪卡拉系陡山沱组中的动物胚胎化石的发现更是将多细胞动物起源的历史推进到了6.8亿年前。

2007年朝阳师范高等专科学校白天莹教授和皮照兴教授在朝阳市凤凰山与麒麟山的雾迷山组地层首次发现低等无脊椎动物实体化石，2015年白天莹教授成功申报省级课题"朝阳市凤凰山和麒麟山地质构造和化石种类比较研究"，并开始进行系统的研究。由于该生物群展现的是与同在朝阳市境内举世闻名的热河生物群完全不同地质年代的生物群，因此提出朝阳生物群的概念。1859年达尔文在完成《物种起源》时，曾对寒武纪早期动物的突然性出现表示迷惑不解，因为在寒武纪之前没有发现富含化石的地层。为排除困惑，达尔文将其归因于化石记录的缺失或化石埋藏很深已致完全变质而无法辨认。白天莹主持的课题组经过多年对朝阳生物群的系统研究，向世人揭示了中元古代蓟县系雾迷山组14.85亿年前化石的形态，拓展了人们认识化石的视角，打开了人们研究隐生宙多细胞动物起源、生物进化的天窗。为解释达尔文的困惑提供了充分的化石证据。朝阳生物群是迄今地球上最古老的多细胞生物演化的类群和研究的新领域，朝阳将成为世界古生物学家研究元古代生物演化的又一圣地。今天的成果既凝聚了课题主持人10余年的心血，也是集体智慧的结晶。

朝阳生物群的主要产地是朝阳市凤凰山旅游景区，面积为50多平方千米。地质构造是中朝准地台稳定发展的燕辽构造层，因此朝阳生物群的范围能够扩展到整个中朝准地台包括华北、东北南部、渤海以及朝鲜北部等地蓟县系的地质构造区。辽西地区中、上元古界因与蓟县标准剖面毗邻，同属一个整体，所以研究者较少，地层名称均采用蓟县剖面分层和命名系统。在辽宁省区域地质志中辽西长城系常州沟组是以凌源小南山为例、串岭沟组以凌源小桦皮沟为例研究的；蓟县系杨庄组以凌源小桦皮沟为例、雾迷山组进行以朝阳姜家店为例、洪水庄组是以凌源老庄户为例进行研究的。因此我们的课题在某种程度上填补了有关朝阳市凤凰山景区地质资料研究的空白。我们系统地考察了凤凰山9条路线的典型地质剖面和麒麟山9条路线的典型地质剖面，普查记录了典型地质构造30多种，普查标记化石点上千处、岩石类型40多种，制作化石、岩石磨片200多片，获取显微结构图像500多张，电镜扫描图像60多张，采集化石、岩石标本300多件。

我们的课题得到了辽宁省教育厅课题资助，得到了辽宁省国土资源厅、辽宁省第三地质大队、东北大学新材料技术研究院、中国地质大学（北京）、中国地质科学院（北京）等单位和专家在技术与设备上的大力支持和帮助，并在学术观点上提出了宝贵意见，向给予我们帮助的省厅领导、高校和研究机构的专家、领导表示衷心的感谢！我们课题考察工作得到了朝阳市凤凰山管理委员会和凤凰山景区管理处的大力支持，研究实验得到了朝阳立塬新能源有限公司的帮助，对他们的帮助表示衷心的感谢！课题的立项、研究过程始终得到了朝阳师范高等专科学校领导对课题的关心支持和鼓励，在这里向给予我们帮助的各位同仁表示衷心的感谢！

本书是课题组集体智慧的结晶，作者为课题组重要成员，对本书内容的精确性、科学性有很大保障。"朝阳凤凰山和麒麟山地质构造与化石种类比较研究"课题组成员主持人白天莹教授，成员有生物学教授刘守华、曲丽君，副教授王秀芹，地理学副教授王莉，物理学副教授席桂梅，分子生物学副教授廉玉利，植物学讲师张莺，食品检测分析师讲师韩旭，矿物加工专业讲师张金良、韩佳宏、丁春江、岳增川、胡秀明，化石修复师张朝辉。另外，生物学高级实验师邵玉兰和农产品加工与储藏讲师李依娜参与了大量的野外考察研究工作，东北大学高级工程师李慧莉老师进行的化石微观显微研究对课题研究发挥了重要作用。

　　　　　　　　　　　　　　　　　　　　　　　白天莹

　　　　　　　　　　　　　　　　　　　　　　　2017 年 4 月

目 录

1 地球演化与生命的起源和进化

语言文字记录了人类发展的历史，地层、地质构造和其中埋藏的化石记录了地球和生命演化的历史。在中世纪时人们并不认识化石，若把化石看作是很久以前死亡生物的遗存，简直是莫名其妙的念头。直到地质学家查尔斯·里耶尔（Charles Lyell）和詹姆斯·休顿（James Hutton）提出化石证据，人们才意识到地球的存在要比《圣经》所暗示的年代古老得多。人类对自然和地球的认识是随着科学技术的发展和进步而不断深入的。

1.1 地质学的发展与古生物学的研究

地质学的发展与古生物学的研究是密不可分的两大学科，是人类在生产和探索自然奥秘的过程中逐步认识地球的组成和结构，地球及其生物界演变的规律，特别是地壳和岩石圈运动规律，并为人类合理开发、利用和保护矿产资源、保护环境服务的历史。

地质学的发展可以分为以下 6 个时期。

1.1.1 地质知识积累和地质学的萌芽时期（远古至 1450 年）

这个时期内得到的地质知识主要是经验的、零散的，一般是通过思辨方法和经验方法获得的知识。

人们在经受地震、火山、洪水的灾害并与之斗争的过程中，逐步认识大自然中的地质现象和过程。在生产和实践中不断地积累并应用岩石和矿物知识，使人类进入石器时代、陶器时代、铁器时代。公元前 11 世纪《周易·谦卦象辞》记载了"地道变盈而流谦"的地表形态变化的现象。公元前 8 世纪《诗经·小雅·十月之交》描述了"高岸为谷、深谷为陵"的地壳变动的现象。公元前 5 世纪《山海经》记述了各地区的自然环境以及某些矿物和岩石的名称、矿产产地，将矿物分为金、玉、石、土 4 类。公元前 6 世纪古希腊色诺芬尼从远离海洋的高山上发现海生贝壳等现象，提出了海陆变迁的观点。公元前 4—3 世纪古希腊泰奥弗拉斯托斯（Θεόφραστος）的《石头论》是最早的有关岩矿的专门著作。晋代葛洪所著《神仙传》中有"东海三为桑田"的记载，最早描述了海陆变迁。公元前 7 年古罗马斯特拉波提出海平面升降是由于海底的升降，海底的变动是受地震、火山喷发的影响的观点；宋代沈括（1031—1095）在《梦溪笔谈》中对"蛇蜃""石笋""螺蚌壳"

等动、植物化石做了较为正确的解释，把山崖中的螺蚌壳视为沧海桑田变化的见证。

1.1.2 地质学的奠基时期（1450—1750 年）

在这一时期地质知识趋向系统化，注重对地质现象的理论性探索和观察与实验相结合的科学研究方法。

15 世纪以来的环球航行、地理大发现改变了人类观测宇宙的视角。1543 年哥白尼（N.Copernicus，1473—1543）的《天体运行论》建立起以太阳为中心的宇宙体系——"日心说"，这是自然科学脱离神学走上独立的开端，这一切都为地质科学的发展奠定了基础。法国科学家笛卡尔（Descartes，René，1596—1650）在 1644 年提出，地球以及其他天体是由以旋转运动为固有性质的原始粒子组成的，正是原始粒子的这种旋涡运动使太阳系生成。德国的康德（I. Kant，1724—1804）和法国的拉普拉斯（Laplace，Pierre-Simon，1749—1827）先后提出太阳系起源的星云假说，阐明包括地球在内的整个太阳系是逐渐冷凝生成的。文艺复兴时期的代表人物意大利的达·芬奇（L.da Vinci，1452—1519）将贝类化石和现代贝类进行比较，得出化石是过去生物遗体的正确结论。1592 年，意大利的 F. 科隆纳区分了化石的保存类型，并将化石分为陆生、海生两大类。丹麦的 N. 斯泰诺在《天然固体中的坚质体》（1669）一文中论述了地层、山脉的形成过程，并提出了重要原理：（a）叠置律，地层未经变动时则上新下老。（b）原始连续律，地层未经变动时则横向连续延伸并逐渐尖灭。（c）原始水平律，地层未经变动时则呈水平状。这对地球自然历史特别是对地层研究做出了重要贡献。英国的 J. 伍德沃德在《地球自然历史初探》（1695），提出全球性洪水造成大部分生物死亡，化石就是它们的遗体的观点。英国学者 R. 胡克提出用化石来记述自然史的观点。

1.1.3 地质学的形成时期（1750—1840 年）

在这一时期研究方法发生了飞跃，人们用变化和发展的观点去解释地质作用、过程和结果，地质思想、理论和学说十分活跃，地质知识得到较全面的概括和总结，初步形成了地质学理论体系和生物进化的理论。

地质学研究从对地球的思辨性研究转变为以野外观察分析为主，地壳成为直接观察研究的对象。具有近代意义的地质学（geology）一词是由瑞士学者 J.A. 德吕克于 1793 年提出的。他认为，首要的是把地质学从博物学中分出来，地质学要把地球所呈现的现象与其原因结合起来研究。地质考察旅行是这一时期的重要研究方法，世界各国涌现出一大批著名的地质旅行家：我国的明代地理学家徐霞客，法国的"地质调查之父"盖塔尔（1715—1786）和 N. 德马雷，英国的 R.J. 米切尔，瑞士的 H.B.de 索叙尔，德国的 J.G. 莱曼和 P.S. 帕拉斯等。他们对火山地质、矿物分布以及化石、地形进行了研究，对岩层的构造、岩石成因和化石做了多方面的观察，对山脉构造和原生岩、过渡岩、层状岩、冲积岩、火山岩、结晶岩的成因进行了科学的论述，对造山—夷平—沉积的旋回进行了合理的解释，为历史地质学的发展奠定了基础。1799 年，"地质学之父"英国的威廉·史密斯（W.smith，1769—1839），认识到每一个地层都含有独特的生物化石，发现了"地层层序律"和"化石层序律"，绘制出世界上第一张英格兰地质图和威尔士、部分苏格兰地层图，确定了英国中生界的序列，开辟了利用"化石组合"鉴定地层的层位和层序的方法，从而创立了历史地质学，引领人们去阅读化石这种奇特的"文字"所蕴含的地球演化和生物演化的信息。此后地球的演变和生命的演化就成为古生物学家和地质学家研究的重要课题。利用这种方法就可以判断出形成化石的生物体所处地质年代的相对顺序，推断各种生物进化的历程。地质时代和地层系统的建立是研究地球历史的前提和依据，在这其中法国科学家居维叶（G·Cuvier，1769—1832）提出了器官相关律和拉马克的无脊椎古生物学与进化论思想发挥了重要作用，在各国地质学家的努力下，经过30 年的研究，地质学家在地层学的原理和方法、矿物学的系统分类，以及地质年代和地层系统等方面建立起比较完整的地质学知识体系。

居维叶研究了巴黎盆地沉积地层，在《论地球表面的变动》一书中，其根据岩层不整合面上、下生物群的不同认为，海盆一定经历过变迁，特别强调地质过程的突变和飞跃，提出了著名的"灾变论"。被誉为"现代地质学之父"的英国地质学家赖尔（C.Lyell，1797—1875）通过对欧美的广泛考察和对陆地升降、河谷形成等地质现象的研究，在《地质学原理》一书中，以丰富的资料说明了地球表面的演变是在漫长历史进程中由于内力（地震、火山）和外力（风、雨、温度变化等）的长期作用而缓慢发生的，提出了"渐变论"观点，被称为地质学上划时代的著作。

1.1.4 地质学的发展时期（1840—1910 年）

在这一时期，随着地质知识和理论的发展，地质学研究向宏观现象的全球性地质发展史综合研究和微观现象的岩石显微结构、化学成分与性质两个方向发展。

19 世纪中叶以后，资本主义进入全盛时期。科学技术的进步推动了地质学各分支学科的全面发展，许多国家都成立了地质学学术机构和调查机构。欧洲一些资本主义强国除在本国开展地质调查外，还普遍在亚、非、拉美等地区进行矿产资源和地质的调查。大规模的区域调查所取得的丰富资料，使得全面的历史地质学及全球地质史的综合研究成为可能，也为全球构造理论的产生创造了条件。19 世纪 30 年代末期，地层系统表已经基本建立。1859 年达尔文《物种起源》问世，在生物进化论思想的指导下，科学家对北美前寒武系、北美古生界和中欧古生界进行了系统研究，1879 年确认了早古生界地层系统。1874 年和 1893 年分别提出太古界、元古界两个名词。1856 年随着岩石薄片制作技术的改进，1867 年德国的 H.P.J. 福格尔桑、1873 年 F. 齐克尔和 1873 年 K.H.F. 罗森布施分别发表了有关显微镜下岩石矿物学的著作，奠定了显微岩石学的基础。同时，通过对岩石的化学成分和性质的研究，提出了岩石的酸性、中性、基性和饱和度的概念。在矿脉成因领域出现"水成论""地壳下熔融物质上升到裂隙中形成了矿脉""水溶液将矿物质充填到裂隙中形成矿脉""地表水的成矿作用""气化热液矿床理论"等新理论。油藏的构造"背斜说"、石油构造的三要素理论等在采矿和石油钻井中发挥重要作用。动力地质学、地貌成因、地壳运动原因、冰川作用、地震分布的研究以及地槽地台学说和全球地质构造等理论一起拉开了全球构造研究新时期的序幕。

1.1.5 现代地质学的发展（1910—1970 年）

在这一时期，科学技术的发展使新的地质学说、地质学理论不断涌现，地质学分支学科之间日益相互渗透，地质学与地球科学的其他学科相互沟通，新地球观的形成，地球系统科学应运而生。

从 20 世纪 20—60 年代，古生物学和地层学发展迅速，为新兴的石油地质研究服务发展了微体古生物学研究，同时与生物史、地球史的研究相结合，发展了理论古生物学，如 R.C. 莫雷主编的多卷集《古无脊椎动物》使各门类的古生物研究已经系统化。美国的 J.A. 库什曼的《有孔虫》是微体古生物学的先导，F. 格莱斯纳出版了微体古生物总结性专著。中国对多科壳部构造研究居于前沿。1933 年英国的 M. 布莱克认为叠层石是潮间带蓝绿藻类形成的纹层，几十年后得到证实。格莱斯纳于 1948 年报道了澳大利亚前寒武纪末期的埃迪卡拉裸露动物，证实了高级动物在前寒武纪存在的事实。

地层学研究还表现在地层工作规范的制订和完善。在美国的《地层学原理》《北美古地理》《国际地层指南》《中国地层指南》中地层的岩性与时代双重划分概念得以建立。

19 世纪末，科学家发现了天然放射性元素，并发现放射性元素以恒定的速度进行衰变，测定地层的绝对地质年代就成为可能。1913 年霍姆斯发表了专著《地球的年龄》，并于 1947 年首先建立显生宙地质时代表，其后几经修正，补充了前寒武纪部分，最后形成 1989 年的国际地质科学联合会颁布的全球地层表。现在我们知道地球诞生约有 46 亿年的历史，地球自生成以后就开始了漫长的生命起源的化学演化过程，至 38.5 亿年前原始的生命形态蓝绿藻出现，生命的演化便开始进入了生物进化的过程。由于太古代和元古代的岩层保留下来的很少，而且彼时的生物的个体小，大部分是软组织结构，以致形成的化石也很少，所以地质学家把这一段地球历史称为隐生宙。把 5.4 亿年前到现在这一段有化石记载的地球历史称为显生宙，并根据生物进化的顺序和规律划分为 3 个阶段，分别命名为古生代、中生代和新生代。它们代表了地球上的生物进化穿越"古老阶段"，经过"中间阶段"再到"新生阶段"的演替过程。

这一时期，地壳物质组成研究方面，矿物学、岩石学、地球化学、矿床学、石油地质学都有了前所未有的发展。地质学家对岩浆岩、花岗岩、变质岩和沉积岩提出了系统的特征和成因分类，其中的优地槽和冒地槽类型、沉积的和岩浆活动的序列特征，以及造山带的概念，在构造地质学中有着重要影响。李四光用地球自转速度变化解释地表大规模构造运动的成因。1912 年德国的魏格纳发现大西洋两岸大陆轮廓的凹凸极其吻合，其首先从古生物化石、古气候、地层构造等方面找到了一些两岸相同或相吻合的证据，进一步提出用深海中的陆坡边缘进行大陆拟合复原的思路并得到了实验证明，据此提出了著名的"大陆漂移说"，开创了地球科学史上的一次革命。随着 20 世纪 50 年代古地磁学的兴起以及遥感技术和电子计算机技术的发展，通过大量观测和计算，"大陆漂移说"获得新生。20 世纪 70 年代板块构造学说——大陆漂移—海底扩张—板块构造，让地球表层整体"运动"起来，是堪与哥白尼的日心说和达尔文的进化论相媲美的人类文明史上的璀璨之星。

20 世纪 70 年代美国的 N. 埃尔德雷奇和 S.J. 古尔德提出了间断平衡论，以突变和渐变的相互交替说明生物演化的总过程。新灾变论用地球以外的因素或周期性规律解释生物大量灭绝事件和地史发展中的旋回和阶段划分现象。

1.1.6　地球系统科学诞生（1980 年—）

随着现代地球科学的发展，20 世纪六七十年代在中国兴起的对自然地理各要素进行综合研究的思想，可以看作是（表层）地球系统科学的萌芽，使人们对地球及地球科学有了全新的认识。1983 年，美国国家航天局（NASA）最早提出地球系统科学的概念。地球系统科学跨越一系列自然科学与社会科学，把地球看成一个由相互作用的地核、地幔、岩石圈、水圈、大气圈、生物圈和行星系统等组成部分构成的统一系统，重点研究各组成部分之间的相互作用，以解释地球的动力、演化和全球变化问题，全面探讨全球变化中人类活动的作用，提高地球系统的生命承载能力。地球系统科学研究主要包括 3 个研究层次。第一个层次是全球变化研究，第二个层次是研究区域模型，第三个层次是研究区域之间的宏观调控。

1.2　生物进化论与达尔文的困惑

18 世纪前，神学家对于生命和宇宙的起源问题做出的回答已经印在人们的脑海里了。1799 年英国的威廉·史密斯开辟了利用"化石组合"鉴定地层的层位和层序的方法，创立了历史地质学，引领人们去阅读化石这种奇特的"文字"，开始用演变的观点去观察研究地球演化和生物演化的重要课题。

1.2.1　生物进化论

生物学史上，法国博物学家拉马克（J.B.Lamark，1744—1829）率先系统地提出了生物进化论。他的思想集中体现在他于 1809 年出版的《动物哲学》一书中，主要内容是生物界形成了某种自然的从简单到复杂的等级，并具有按等级向上发展的趋势。提出了两个法则：一是用进废退，二是获得性遗传，并认为这两者既是变异产生的原因，又是适应形成的过程。他提出物种是可以变化的，物种的稳定性只有相对意义，生物进化的原因是环境条件对生物机体的直接影响。对较高级的动物而言，环境的改变引起动物需要上的改变，需要上的改变引起行为上的改变，新的习性会导致器官机能的改变，最终导致形态结构上的改变，逐渐变成新物种。拉马克认为适应是生物进化的主要过程，他第一次从生物与环境的相互关系方面探讨了生物进化的动力，为达尔文进化理论的产生提供了一定的理论基础。但是拉马克的生物进化论仍然是一种基于唯心史观的思考，过度强调了动物的主观意愿在物种改变中的作用。

达尔文（C.R.Darwin，1809—1882）英国博物学家，进化论的奠基人。1831—1836 年他参加了英国组织的环球航行科学考察活动，在动植物和地质方面进行了大量的观察和采集，他深深地被栖息在南美洲的生物分布、现存生物和古生物在地质上的一些事实所打动，形成了生物进化的自然选择学说。马来群岛的青年学者华莱士（A.R. Wallace，1823—1913）也在思考同一问题，两人的基本思想不谋而合，1859 年达尔文的不朽巨著《物种起源》问世。

《物种起源》一书用大量资料证明了形形色色的生物都不是上帝创造的，而是在遗传、变异、生存斗争和自然选择中，由简单到复杂，由低等到高等，不断发展变化的。生物进化论学说，彻底摧毁了各种唯心的神创论和物种不变论。与拉马克不同的是，他认为进化的原因是物竞天择，适者生存。达尔文的进化论是用非目的论的观点来解释生物进化，是真正的用自然来解释自然。

进化的机制：达尔文认为，各种生物都有繁殖过剩的倾向，但生物的生存资源是有限的，它们的生存必须通过竞争来实现。竞争既包括种内竞争，又包括种间竞争，还包括生物同无机环境的竞争。自然状态下，变异略微有优势的个体，生存繁殖的机会就较多。反之，即使发生极轻微的有害变异的个体，在严酷无情的生存竞争中，都将被淘汰，这就是自然选择。自然选择主要是通过变异来完成的，适者生存，生物经自然选择后的有利性状会遗传给后代。生物进化的历程经历了从水生到陆地、从简单到复杂、从低级到高级的漫长演变过程，这一过程是通过自然选择和遗传变异逐渐实现的。

进化机制是达尔文进化思想的核心内容，就是我们常听到的"物竞天择，适者生存"，现代基因学诞生之后，为此提供了重要的证据。事实上，造成物竞天择的原因竟然是"基因"。

达尔文进化论的影响：进化论是人类历史上继哥白尼"日心说"后的第二次重大科学突破。地质学和古生物学在达尔文的进化论思想指导下迅速发展，同时随着现代遗传学和分子生物学的发展，达尔文的生物进化理论也得到了进一步的完善。但是达尔文的进化理论仍然不十分圆满，生物界的五大灭绝事件和寒武纪大爆发对进化论产生了巨大的冲击。

1.2.2 达尔文的困惑

19 世纪 40 年代以来，古生物—地层研究成果大量涌现，法国的 A.C. 多比尼关于有孔虫、H.M. 爱德华兹关于珊瑚、英国的 T. 戴维森关于腕足类、R. 欧文关于爬行类、奥地利的 E. 修斯关于菊石、美国的 C.D. 沃尔科特关于三叶虫等研究为古生物学奠定了基础。

达尔文在 1859 年完成《物种起源》时，就对寒武纪早期动物的突然性出现表示迷惑不解。因为按照达尔文的物种起源理论，在像三叶虫这种高级的节肢动物出现之前应该经过一段漫长岁月的演变积累。达尔文在他的《物种起源》中这样写：

> "无可置疑，寒武纪和志留纪三叶虫是从某种甲壳类动物演化而来的，而这种甲壳类动物应该生活在寒武纪以前很长一段时间内。……如果我的学说是正确的话，无可置疑在寒武纪最下部地层沉积之前应当有一段相当长的时间存在。……但是，为什么在寒武纪之前没有发现富含化石的地层呢？我不能给出满意的答案。……这种现象在目前是令人费解的，可能会真正成为反对本学说的证据。"

尽管如此，达尔文为了排除这种困惑仍然将其归因于化石记载的缺失，或者寒武纪以前的地层深埋在海洋中没有暴露，或者是即使暴露，地层由于古老且埋藏很深，已经完全变质而无法辨认，保存在其中的化石当然也失去了形状。那么前寒武纪地层有没有缺失，有没有化石呢？随着地质学的发展和前寒武纪澄江化石群、凯里生物群的发现和经过近 30 年的研究，达尔文当时推测的地层缺失或化石没有保存等解释彻底被动摇，而且对达尔文进化论产生了巨大的冲击。

1.3 寒武纪大爆发对进化论的冲击

1.3.1 生命起源和最早的生命信息

19 世纪人类研究自然的视野不断拓宽，从太阳系拓展到银河系。现在自然科学已经开始探索宇宙的起源。根据"大爆炸学说"当今科学上所谈的宇宙是指时间尺度为 200 亿年，空间直径为 200 亿光年的总星系。太阳系大约在 50 亿年前形成，地球的年龄大约有 46 亿年。地球形成初期表面是炽热的海洋，根本没有生命。恩格斯在《自然辩证法》中研究并概括了 19 世纪生物学和化学方面的科学成就，指出生命是从非生命的无机界物质运动中分化产生的，"生命起源必然是通过化学的途径实现的"。奥巴林（А.И.Оларнн，1894—1980）出版《生命起源》一书，认为地球上出现生命之前就存在有机小分子，并能在原始地球条件下形成复杂的有机物。由此他试图用物质的长期进化发展来从整体上建立生命在地球上发生的科学理论。以此为起点，人们在 20 世纪开始了对生命起源的科学研究。

生命起源的化学演化过程，可归纳为 4 个阶段：

地球原始大气的成分是硫化氢、氨、甲烷、水、氢气等，没有氧属于还原环境。在紫外辐射和其他自然能源如闪电、宇宙射线及陨石撞击等的作用下，通过各种机制生成有机物小分子（氨基酸、核苷酸及单糖等）。1953 年美国科学家米勒实验模拟原始地球条件产生了大量的有机物，产物中含有 11 种氨基酸。20 世纪 70 年代科学家已经能够合成天然蛋白质中所包含的 20 种天然氨基酸及其衍生物。宇宙观察和陨石分析也为有机物合成的非生物起源提供证据，在月球岩石、陨石成分、陨冰水样、星际物质中都发现了氨基酸。

在原始海洋中这些有机小分子物质形成生物大分子（蛋白质、核酸、多糖、类脂等），在化学进化过程中具有更加重要的意义。现有两种观点：陆相起源派认为，地球上火山熔岩地带和局部地表热区的高温条件下可能导致多肽和多核苷酸的热合成；海相起源派认为，原始海洋中的生物分子被浓集在无机矿物形成的黏土颗粒上，在缩合剂和金属离子的参与下，分别缩合形成了原始蛋白质和核酸分子。

许多生物大分子聚集形成以蛋白质和核酸为基础的多分子体系，才有可能表现出生命所具有的自我复制、自我更新的本质特征。

由多分子体系演变为原始生命。原始生命的演化是生命起源过程中最复杂和最有决定意义的阶段，它们能够从周围环境中吸取营养，又能将废物排出体系之外，能分裂繁殖。原始生命出现后地球上的生命从化学进化阶段进入生物进化的阶段。

地球上最早的生命迹象是美国、英国和澳大利亚 3 个国家的跨国研究组发现的。他们在研究西格陵兰以南阿基得亚岛的伊苏亚盖层时用放射衰减技术测定该岩层为 38.5 亿年，是迄今所知世界上最早的盖层岩。越古老的生命，形式越简单，也越不容易保存下来。因此他们选择测定 C_{13} 和 C_{12} 的比率确定伊苏亚盖层中曾有生命迹象。在自然界中碳的稳定同位素有 C_{13} 和 C_{12}，C_{13} 是碳的稳定同位素之一，在地球自然界的碳中约占 1.109%。如果来自二氧化碳和其他物质中的碳被生物体吸收参与生命活动，就会发生"分离作用"，使较重的同位素 C_{13} 就会减少，减少后的 C_{13} 和 C_{12} 的比率就成了生物运动的特征。他们是通过利用岩层中一种化学特性与骨骼中的磷酸钙相似的磷酸矿物质——磷灰石中的微小碳颗粒的分析发现了藏有生命信息的 C_{13} 和 C_{12} 的比率（1.107% ／98.893%）。阿莱尼乌斯说除了生物体之外，没有发现任何陆上运动过程具有这种形式的 C_{13} 和 C_{12} 的分离现象。2014 年日本的科学家也做了相同的研究并得出了相似的结论。

化石证据表明，距今 38 亿至 7 亿年的前寒武纪，地球都是被原始的菌藻类生物统治着，真核生物大约 27 亿年前出现，距今 25 亿至 16 亿年出现了 176 种叠层石，距今 13 亿至 10 亿年出现了 342 种叠层石。我国华北地台元古代的球形疑源类化石可能是保存最好的真核生物实体化石。

1.3.2　寒武纪大爆发

寒武纪大爆发（Cambrian Explosion）被称为古生物学和地质学上的一大悬案，绝大多数无脊椎动物门在几百万年的很短时间内就出现了。自达尔文以来就一直困扰着进化论等学术界，至今仍被国际学术界列为"十大科学难题"之一。

生命起源于 38.5 亿年前，但是它们全都是单细胞生命。大约 6 亿年前，在地质学上被称作寒武纪的开始，似乎是生命活动的一个当然的底界。为什么？在距今38.5 亿至 6 亿年这段古老的地层中，生命变成了一片沉寂。是因为工作还不够，更早的化石尚未被发现？或是因为最早的生物难以保存为化石？还是说，在寒武纪之前，地球根本就是没多少生命的沉寂荒原？最早提出寒武纪大爆发概念的是美国著名地层学家、前寒武纪古生物学的奠基人克劳德（P. Preston Cloud 1912—1991），他用 "eruptive evolution" 一词作为寒武纪大爆发的概念，这一概念在 1968 年得到进一步明确。他认为寒武纪大爆发是一个真实的、快速的生物辐射演化事件，无论这个事件发生在几百万年间或更长一点儿的时间内，相对地质时间来说都是突发性的。德国古生物学家塞拉赫（Adolf Seilacher）依据对前寒武纪至寒武纪过渡时期遗迹化石的研究，提出寒武纪爆发式演化概念，使克劳德寒武纪大爆发演化的假说得到进一步支持。

1.3.3 布尔吉斯页岩化石群

布尔吉斯页岩化石群最早由查里斯·沃科特（Charles D.Walcott，1850—1927）于 1909 年在加拿大落基山脉中开展寒武纪地层古生物研究时发现的。这种化石是一种没有外壳的软躯体生物印痕，与寒武纪常见的三叶虫化石不同，包括蠕虫、水母、非三叶虫节肢动物，化石保存了肠道、眼睛等通常情况下不能保存的生物组织和器官。大量的现代生物类别在寒武纪布尔吉斯页岩中被发现。沃科特充分认识到这个发现的重大意义，在随后的几十年里开展的多次发掘工作中，尽管大量的化石形态和解剖结构与现代的生物很难比较，但他仍然将这些稀奇古怪的动物归属到现代动物的分类中，并对大部分化石做了系统的分类描述。沃科特发现的大量布尔吉斯页岩化石（图 1.1）目前都保存在美国华盛顿国家自然历史博物馆中。沃科特在 1910 年对寒武纪动物群化石的突发式出现的解释与达尔文的假设差不多，认为寒武纪之前的动物应该存在，只不过由于保存这一时期化石的沉积物没有在陆地上被发现。

图 1.1　布尔吉斯页岩化石

1.3.4 古尔德的生物进化模式

以惠廷顿（Harry Whittington）为首的英国剑桥大学科学小组自 1966 年对布尔吉斯页岩化石群开始重新研究，揭示出 20 多个新的门一级动物类别的存在。根据布尔吉斯页岩化石群的研究，1989 年哈佛大学斯蒂芬·古尔德在《奇妙的生命》一书中指出了一个全新的生物进化模式：用"造型差异度"来区分"生物分异度"，即用生物分异度表示物种的数量，用造型差异度表示生物造型的差异程度。根据对化石的研究，其认为生物在寒武纪大爆发之后到现在的 5 亿多年历史中，生物的大部分基本造型渐渐消失，只有部分生物造型延续演化，在这些延续的生物分支中分异度是逐渐增加的（图1.2）。

达尔文的进化理论认为：地球上的生物都来源于原始的共同祖先，在漫长的进化过程中按照从单细胞到多细胞、从简单到复杂、从低等到高等、从水生到陆生的规律不断演化分化的，是渐进和定向的演化过程。

古尔德则认为：原始的单细胞生物经过许多亿年的演化到距今5亿多年前的寒武纪早期突然爆发出现了生物的各个门类，以后的演化过程是渐进的，同时地球历史上存在的环境条件急剧变化干扰了这一演化进程。如生命史中的六大灭绝事件（前寒武纪末期、奥陶纪末期、泥盆纪末期、二叠纪末期、三叠纪末期、白垩纪末期）是全球性的，灭绝的生物是随机的，灭绝后演化的起点也是随机的，不是最优势的物种得以延续，而是那些适应新环境的物种得以繁盛。这一理论不仅撼动了达尔文的进化论，而且把近30年寒武纪大爆发的研究推进到了快速发展阶段。

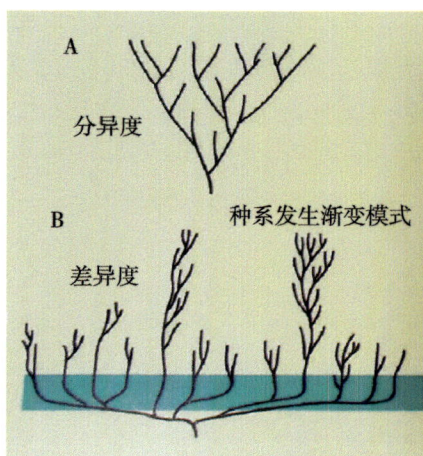

图1.2　生物演化模式图
A. 达尔文生物进化论传统模式
B. 寒武纪大爆发模式

1.3.5　埃迪卡拉生物群——生命演化早期的生物群

埃迪卡拉生物群是生活在距今5.7亿至5.4亿年地球上的一类形态和结构特殊的生物，由R. C. Sprigg于1946年发现于澳大利亚埃迪卡拉同位素鉴定5.5亿年前的石英砂岩中。当年Sprigg在评估废弃的铅银矿时在石英砂岩中首先发现了类似水母的化石，随后发现大量类似腔肠动物的水母、海笔化石，有的类似节肢动物，有的类似环节动物，有的类似海绵动物。这些化石个体大多在1 m以上，形态和形状难以解释，目前这一时期类似的化石在全球各大洲30多个地区都有发现。

埃迪卡拉生物群的化石（图1.3）非常特殊。首先它们都是立体的软躯体印模化石，没有骨骼和外壳等矿化硬体的存在，这种保存方式是寒武纪以后的化石所不具备的；其次它们既没有明显的组成消化系统的口、肠腔和肛门等器官，也没有动物捕食器官。因此它们的动物属性在近20年来受到怀疑，德国的塞拉赫（Seilacher，1992）提出埃迪卡拉生物群的化石并非多细胞动物，而是单细胞的真核生物的观点，他认为尽管埃迪卡拉生物群的化石形态复杂、类型繁多、类似多细胞动物，但是

图1.3　埃迪卡拉生物群的化石

仍然界定它们是单细胞通过特定的方式构成的，是以自养方式（光合作用、化能合成作用等）生活的。塞拉赫同时提出了文德生物界的概念，以示埃迪卡拉生物群在生命演化中的特殊性，甚至被认为是属于一个与现生生物界没有亲缘关系的、缺乏联系的独立生物界（Narbonne，2005），可以说明寒武纪动物大量出现之前曾经出现过短暂的复杂演化实验阶段，而且埃迪卡拉生物群在 5.4 亿年前动物的寒武纪大爆发前已经灭绝。

1.3.6 寒武纪早期生物骨骼化作用的大爆发

云南晋宁梅树村剖面是国际前寒武系—寒武系界线候选层型剖面之一。梅树村动物群一词最早来自 1977 年钱逸提出的"梅树村阶动物群"，是我国南方前寒武系底部没出现三叶虫化石前小壳动物化石的总称。依据钱逸 1999 年统计，截至 1985 年，已经描述的梅树村动物群化石属超过 250 个，化石形态种接近 600 个，包括 15～17 个的门。梅树村动物群的特点是没有三叶虫化石，这些化石基本上以磷酸盐化的形式保存。大量动物矿化了的骨骼和外壳化石的发现标志着生物演化中骨骼化突发性演化事件的发生，梅树村动物群在约 2.28 亿年前达到辐射顶峰，并在约 5.25 亿年前开始灭绝，为揭示寒武纪早期生物大辐射的过程提供了重要依据。

1.3.7 澄江动物群的发现及影响

1984 年中国科学院南京地质古生物研究所的侯先光到云南澄江县的帽天山上采集金臂虫化石标本时，发现了一些保存附肢的软体节肢动物化石和其他非三叶虫化石。这些化石在保存上和形态上与加拿大的布尔吉斯页岩中的化石非常相似，揭开了澄江动物群发掘和研究的历史。澄江化石群是距今大约 5.3 亿年前的寒武纪早期泥岩中大量栩栩如生的特殊化石群，是全球寒武纪早期海洋生命景观最完美的代表，其化石最大的特点是不仅保存了外壳和矿化的骨骼，而且保存了生物的软体器官和组织轮廓，如动物的肠、胃、口等进食和消化器官，以及动物的肌肉、神经和腺体等体内组织。与布尔吉斯页岩化石相似，澄江动物群化石（图 1.4）中大量的化石是

图 1.4 澄江动物群化石

没有硬体外壳和矿化骨骼的软体生物。澄江动物群的生存年代是寒武纪早期，而布尔吉斯页岩化石是寒武纪中期。通过近 30 年的研究，澄江动物群已经发现了包括脊索动物在内的 20 多个门类，50 多个纲，220 余种的动物。因此澄江动物群的发现从时间和生物类型上都证实了寒武纪大爆发事件的存在，而且将寒武纪大爆发缩短在寒武纪之初的 200 万～300 万年之间一段很短的时间内。特别是脊索和脊椎动物化石的发现，使古尔德的倒立型生物演化模式得到了充分论证。因此 1991 年美

国《纽约时报》称澄江动物群为"20世纪最惊人的科学发现之一"。

1.4 寒武纪大爆发所面临的挑战

1.4.1 现代分子生物学对寒武纪大爆发的挑战

随着分子生物学的发展，科学家开始从分子水平上研究生物之间的亲缘关系。1962年，祖卡坎德尔（Zuckerkandl）和鲍林（Pauling）在对比了来源于不同生物系统的同一血红蛋白分子的氨基酸排列顺序之后，发现其中的氨基酸随着时间的推移而以几乎一定的比例相互置换着，即氨基酸在单位时间以同样的速度进行置换。后来，许多学者对若干代表性蛋白质的分析，以及近年来又通过直接对比基因中核苷酸的排列顺序，证实了分子进化速度的恒定性大致成立，因而提出了"分子钟"的概念。

加利福尼亚大学的进化化学家鲁塞尔·F·杜利特博士和他的同事们曾对57种不同的酶蛋白进行了详尽的分析，他们的结论是：真核细胞生物是在20亿年前从原核细胞生物中分离出来的。也就是说，上述两种生物延续的基本类型在20亿年前曾拥有一个共同祖先。

由纽约州立大学的研究者组成的小组发现将遗传变异的模式当作分子钟的方法，详细地检验了存在于不同物种中的7个不同基因，发现了它们从共同祖先那里分离出来的速率，由此判断出这些基因的结构经历了多长时间的变化。他们发现动物起源的时间可以追溯到距今12亿至10亿年，比寒武纪大爆发的时间长了2倍。

1.4.2 寒武纪大爆发只是化石保存差异造成的假象

自达尔文开始，动物的寒武纪大爆发被解释为化石保存差异造成的假象，或因地层保存得深而没有被人们发现。其实随着前寒武纪古生物学和地层学研究的深入，人们已经发现了寒武纪之前的地层和化石，如埃迪卡拉化石群的发现。现代著名的演化发育生物学由Davidsont等（1995）提出了"浮游幼虫假说"——非直接发育假说认为，动物的早期祖先均具有浮游幼虫阶段，浮游幼虫在前寒武纪应该存在，并具有发育为成年个体的"细胞"。也就是说，前寒武纪动物可能是以浮游幼虫的形式存在，因受到环境限制没有发育为成年，所以寒武纪前的动物个体小且体质不易保存为化石，而没有被发现。古生物学家Forter等于1997年提出了"体型增大假说"认为，动物的祖先在寒武纪之前以非常小的个体生存在澳洲沙砾之间的缝隙里，动物的寒武纪大爆发只是反映了氧气含量的增加导致动物体型的增加。上述两种假说都认为前寒武纪动物曾经是存在的。

1.4.3 瓮安陡山沱组后生动物胚胎化石的发现，为寻找动物起源打开了一个全新的窗口

1997 年在陕西宁强寒武系底层发现了磷酸盐化胚胎化石，表明寒武纪早期动物的发育是直接的。这一重大发现与 Davidsont 等提出的非直接发育假说存在冲突。1998 年瓮安陡山沱组"海绵动物"和"多细胞藻类与后生动物胚胎"化石（图 1.5）的发现，引起国际学术界广泛关注，它们的发现将后生动物起源的历史向前推进了 1.4 亿至 1.5 亿年。多种后生动物的卵、胚胎化石较为罕见，保存精美的幼虫和微型成体

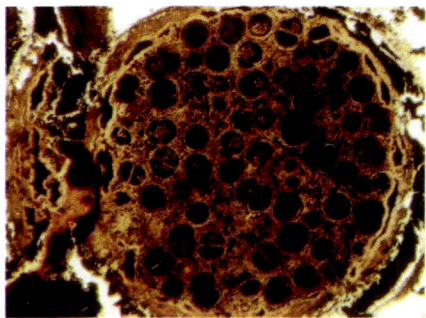

图 1.5　瓮安陡山沱组后生动物胚胎化石

化石在 6.8 亿年前就出现了，为寻找动物起源打开了一个全新的窗口。

综上所述：对布尔吉斯页岩化石群、澄江生物群、凯里生物群等世界几大著名寒武纪化石群的大量生物化石大爆发的发现和研究能够说明寒武纪确实是生命演化飞速发展的时期，在这一时期内出现了软体动物的硬壳，出现了节肢动物外骨骼和附肢，出现了脊索动物和脊椎动物。索普博士相信，虽然没有由化石记录下来的生命迹象，早期的地球却不等于没有生命，只不过多数化石在地质变迁的过程中被毁掉了而已。通过对酶蛋白、细胞色素 C 变异速率、基因的分离速率等分子生物学的研究成果能够说明多细胞动物起源时间很早。Davidsont 等提出的"浮游幼虫假说"和 Forter 等提出的"体型增大假说"都认为寒武纪前存在生命。陡山沱组后生动物胚胎化石的发现，对寒武纪生命大爆发观点提出了直接的质疑。

1.5　热河生物群——中生代生命的辉煌

提起朝阳的古生物，人们首先想到的是举世闻名的热河生物群。热河生物群主要生活在以辽西地区为代表的我国北方、蒙古、西伯利亚、哈萨克斯坦以及朝鲜和日本等国家和地区，距离今天 1.28 亿至 1.10 亿年前的白垩纪早期。朝阳地区不仅是热河生物群分布的中心，其独特而完整的陆相中生代地层同样也堪称世界一流，因此才得以保存成了今天这样一个世界罕见的化石宝库。20 世纪 80 年代以来朝阳大量早期鸟类和带羽毛恐龙化石的发现，震惊世界古生物学界，引起了国内外专家学者的广泛关注，三十几年的研究为鸟类起源、演化以及飞行起源等问题提供了珍贵的古生物证据，彻底颠覆了德国始祖鸟的鸟类始祖地位。它所拥有的世界独一无二的带羽毛恐龙和丰富的原始鸟类化石使得这一地区成为研究鸟类起源的圣地。辽宁古果、中华古果和十字中华果化石的发现，将被子植物的起源历史向前推进了 1500 万年，所以朝阳是世界上第一朵花绽开的地方。攀援始祖兽、沙氏袋兽、巨爬

兽等的发现证明了朝阳是哺乳动物起源的摇篮。在朝阳这块热土上蕴藏着极其丰富的动植物化石标本，构成了系统完整的热河生物群。它是窥视中生代白垩纪自然演化和生命进化的一扇天窗。朝阳化石因其"物种之丰富、保存之完美、生命演化之连续"堪称世界古生物化石的宝库。对热河生物群的研究成为当今国际古生物学界的热点和前沿领域之一。

1.5.1 热河生物群的发现

150多年前有名法国天主教徒在热河省凌源县看到一些房子是用鱼儿砌起来的，回国后他向神父戴维汇报了此事，并以天主的名义起誓，这事儿是真的。1862年戴维来到今辽宁省凌源市附近考察，果然发现这里薄薄的淡黄色石板上遍布着很多小鱼。戴维采到了第一批鱼化石，这批化石于1880年经法国鱼类学家索瓦士（Sauvage）研究并被命名为戴氏狼鳍鱼（*Lycoptera davidi*），拉开了热河生物群研究的序幕。热河生物群研究的历史可以分4个阶段：

（1）20世纪30年代为初期阶段。1923年美国地质古生物学家葛利普（W. Grabau）在撰写《中国地质学》时，将当时热河省凌源县附近含化石的地层定名为"热河系"。1928年他又提出了"热河动物群"的名称，用来表示热河系地层中所含的动物化石。

（2）20世纪30—40年代为早期阶段。对地层进行划分，建立了一些地层单位。

（3）20世纪50—80年代为重要阶段。辽西中生代地层框架和名称建立。1962年我国的古生物学家顾知微院士提出了"热河生物群"的概念，并以狼鳍鱼—三尾拟蜉蝣—东方叶肢介化石组合为代表生物。现在世界各地只要发现东方叶肢介—三尾拟蜉蝣—狼鳍鱼中的一种化石，那么这个化石群都将归为热河生物群。

（4）20世纪90年代至今为发展最快阶段。取得丰硕成果，原始鸟类、长羽毛恐龙、哺乳动物、翼龙、两栖类化石、鱼类、采花昆虫、原始被子植物等化石的发现，震惊世界，被誉为20世纪最惊人的发现。

1.5.2 热河生物群研究的重要成果

热河生物群的面貌焕然一新。经过半个多世纪，尤其是近30年来的重要发现和研究，热河生物群生物化石组合的面貌发生了质的改变，热河生物群的典型成员不仅包括东方叶肢介、三尾拟蜉蝣、狼鳍鱼，还包括其他鱼类、两栖类、爬行类（龟鳖、蜥蜴、离龙、翼龙、兽脚类恐龙、蜥脚类恐龙、鸟脚类恐龙）、鸟类、哺乳类等各大类群的脊椎动物，是涵盖了脊椎动物、无脊椎动物和植物在内的一个丰富多彩的复杂的陆相生物群。广泛分布于以辽西地区为代表的我国北方、蒙古、西伯利亚、哈萨克斯坦以及朝鲜和日本等东北亚广大区域，朝阳的古生物化石在热河生物群研究中处于核心位置。中美科学家联合建立了完整的热河群地层层序与化石层位标准地质剖面。

揭示了鸟类起源之谜。20世纪90年代，中国朝阳中生代晚侏罗纪、早白垩纪的各种早期鸟类化石三塔中国鸟、燕都华夏鸟、孔子鸟、热河鸟等，带羽毛恐龙中华龙鸟（图1.6）、四翅恐龙小盗龙等化石的发现，震惊了世界，被称为20世纪最重要的科学发现之一。在世界古生物研究史上创造了6个"世界之最"，即年代最早、鸟化石最多、属种最多、密度最大、含鸟化石层次最多（共6层）、未知领域最广（含有千米以上陆相地层），热河生物群古鸟类化石有3000多块，分30多个属，近40种，带羽毛的恐龙有30多种，这些化石填补了许多由恐龙向鸟类演化过渡类型的研究空白，使鸟类进化方面的研究发生了革命性的变化，因此朝阳成为世界上第一只鸟起飞的地方。

热河植物群是我国中生代一个新的、门类最齐全的植物群。不仅出现了双扇蕨科植物、苏铁类，枝脉蕨、新芦木、木贼类、本内苏铁类、银杏类和松柏类等，还出现了辽宁古果（图1.7）、中华古果等被子植物。它们是目前被子植物中出现最早的一个植物群，因此朝阳被誉为世界上第一朵花绽开的地方。

朝阳是研究中生代地球演化和生命进化的重要研究基地。朝阳热河生物群化石埋藏丰富，保存完整精美：除骨骼等硬体部分完整保存外，鸟类和恐龙化石还完整地保存了羽毛、毛状皮肤衍生物、皮肤印痕等结构，一些恐龙化石还保存了胃部食物残留物（如蜥蜴类和哺乳类骨架）及胃石、卵等；还有体积巨大的植

图1.6 中华龙鸟

图1.7 辽宁古果

物化石。这足以说明，这些生物是在火山爆发导致的突发灾变事件中非正常集群死亡的，尸体经过短距离的水体（湖面）悬浮搬运，快速沉积于半深湖、深湖静水还原环境中，并被大量火山灰（尘）快速沉积埋藏。经过亿万年的交代作用矿物质的充填而石化，便形成了化石。伴随热河生物群的发展演化，辽西地区的火山活动异常活跃。义县组有多次强烈的中基性火山熔岩喷发期，形成至少许多次大的"湖相沉积—火山喷发"旋回。九佛堂组沉积时期的火山活动相对较弱。在辽西这种独特的环境背景下，化石才得以完整精美地保存下来。

对这个内容丰富而新颖的动植物化石群的研究，不仅对探讨这一时期生命的演化有重大理论价值，对相关的古气候、古生态和古地理等地球演化的研究也具有极其重要的作用。

2 朝阳生物群化石的发现与比较研究

朝阳得天独厚的地质构造，孕育了中生代白垩纪（1.28 亿至 1.10 亿年前）生机勃勃的热河生物群。20 世纪 80 年代以来古生物学家对热河生物群的研究，在国际上产生了重大影响。解决了鸟类起源、演化和辐射，被子植物起源，哺乳动物早期发育，以及昆虫协同演化等诸多生物进化的难题。朝阳因是第一朵花绽放的地方、第一只鸟起飞的地方而闻名于世。2007 年朝阳鸟化石国家地质公园落成，为全世界的古生物学家提供了一个近距离研究中生代的古生态环境、古气候、古地理的基地。2007 年夏季中国科学院古脊椎与古人类研究所汪筱林研究员到朝阳凤凰山考察时就发现了上面有叠层石和角石等 4—5 亿年前海洋生物的化石。但是那时在朝阳中外古生物学专家关注的重点是热河生物群的研究，而且汪研究员是研究翼龙的科学家，因此到目前为止朝阳凤凰山的化石并没有引起古生物学家更多的关注。

2.1 朝阳生物群化石的发现过程

朝阳凤凰山，位于辽西朝阳市城区东部 4 km 处，南起东经 120° 46′、北纬 41° 51′，北至东经 120° 56′、北纬 41° 60′，占地 50 多平方千米，最高峰海拔 660 m，包括龙山、凤凰山和麒麟山等多个山体。相传前燕的建立者慕容皝于公元 341 年从棘城（今辽宁义县）西来选建王城，在白狼河（今大凌河）西北发现河东一座高山在云雾烟腾时好似一黑一白两条龙在上下翻滚嬉戏的情景。慕容皝龙颜大悦，称此地乃风水极佳之所，于是在河西建了王城，号称龙城。河东龙腾之山，起名龙山，和龙山。从城区向东眺望好似展翅欲飞的凤凰，清代康熙年间改名为凤凰山。

2007 年夏季，《朝阳日报》刊登了一篇在凤凰山上发现水母、珊瑚等 5 亿年前海洋生物化石的报道。这篇文章引起了朝阳师范高等专科学校生物学教授白天莹的高度关注，凤凰山的化石是什么样？麒麟山上有没有化石呢？带着这些问题，2007 年白天莹教授和皮照兴教授开始对凤凰山和麒麟山进行野外考察。

首先考察的是麒麟山，它与凤凰山毗邻，是凤凰山景区的第二高峰，海拔 594 m，是气象雷达站所在地，因为不需要门票，它又是户外登山爱好者的好去处。2007 年 8 月 19 日两人沿着车辆通行的盘山路从麒麟山的北坡登山，当高度超过松树林时就发现山体主要由大块大块的灰白色岩石组成，驻足观察，岩石上果然有化石，化石不仅暴露在外面而且是立体的，它们非常坚硬，像浮雕一样镶嵌在岩石的表面上，与岩石融为一体（图2.1）。仔细观察，发现四周几乎每块岩石上都有化石，化石大小不同的奇形怪状，是我们从未见过的生命形态。图2.2是在麒麟山上首次发现的化石。化石为什么暴露在外面，它们是哪个年代的呢？

图2.1 2007年8月19日在麒麟山北坡发现化石

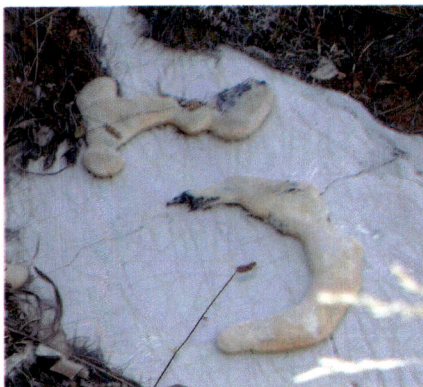

图2.2 麒麟山北坡的化石

　　2008年3—4月白天莹教授在家人和同事的陪伴下对麒麟山的南坡进行进一步考察（图2.3），发现大量埋藏方式相同的没有贝壳的软体动物化石和蠕虫类化石，还有许多没见过的生命形态的化石（图2.4）。它们的地质年代目前无法确定。经考证可知，麒麟山也是海相的地质构造，这些海洋底栖的生物死亡之后没有马上被分解，而是与掩埋它们的白云质淤泥一起经过数亿年的地质作用石化形成了化石。在以后的亿万年中，该地层受地球内力的作用隆起形成高山，于是它们就暴露于高山之上。看到脚下的化石，白天莹的心情既激动又兴奋，因为此时她深切地体会到地球沧海桑田的变化。在接近麒麟山顶时有一段只有70~80 cm宽的山脊，左侧是悬崖，右侧坡度稍缓，中间出现一个横向约30 cm宽且纵向很深的断层，只能攀爬而行。在大家体会到山的险峻之后，发现眼前的岩石层理有水平的，也有倾斜的和竖立的，左侧的悬崖是向斜断层，右侧是背斜坡。地垒、地堑，右侧背斜成山、向斜成谷，左侧因为地球外力的作用使得向斜

图2.3 2008年春白天莹教授在家人陪伴下对麒麟山南坡考察

图2.4 麒麟山南坡的化石

成山背斜成谷，这不正是地理课堂上所叙述的地质构造知识的典型例证吗！考察人员被麒麟山丰富的地质构造和奇特的化石所震撼，仿佛置身于地球的演化和生命的演化历程中，看到了它的演变过程。

2008年5月，白天莹开始对凤凰山进行考察，身为生物学教授的她以前曾多次登过凤凰山，但多数情况下她关注的是植被的种类和分布，欣赏自然风光，几乎从来没有注意过脚下的岩石，更没有看到岩石上会有化石。此前中央电视台《探索发现》栏目采访世界上第一朵花的发现者我国古生物学家孙革时，报道过朝阳凤凰山最古老岩层的历史可以追溯到28亿年前的太古代，2007年《朝阳日报》报道的5亿年前的珊瑚化石等信息非常深刻地铭记在白天莹的脑海中。使得她考察的目的明确，重点是凤凰山的地质构造和化石的种类分布，思考的是地质构造和岩石、化石之间的相互关系，观察的重点自然是岩石。

从凤凰山南门进山，行进几百米后路的两侧便是山体的底部，岩石呈深灰色，非常坚硬，拾起一些风蚀松动的岩石观察，发现其表面有藻类植物的印迹，岩石侧面有一些层状构造，这就是由海洋中大量的蓝绿藻形成的叠层石。根据资料和化石特点判断这些岩石的地质年代至少可以追溯到20多亿年前的太古代（图2.5）。沿十八盘向上攀登，发现山体中部岩石上几乎都是大型的不规则的叶状、分叉状的藻类植物化石（图2.5中Ⅰ、Ⅱ、Ⅲ），它们的地

图2.5 背景凤凰山底部岩石藻类植物低等，上面3幅是十八盘中部的岩石藻类植物比较高等

质年代有十几亿年的历史。在接近山顶的岩层中可以看到水母、珊瑚和少量软体动物化石、菊石等，地质年代可追溯到5亿年前古生代的寒武纪。大量的藻类植物化石使整个山脉的岩石大体呈现深灰色。

非常神奇的是凤凰山和麒麟山上的化石并没有埋藏在地下，而是暴露在山体的岩石之上，夹在岩层之间。这与热河生物群的化石埋藏方式有本质的区别，而且所有的化石都是立体的，没有被岩石压扁，动物化石没有骨骼，没有附肢，麒麟山上像螺类、蛤类的化石有生长线但是没有贝壳。总之从这几个特征看，它们与热河生物群的生物截然不同，它们是属于不同地质年代的生态类群。

更加神奇的是凤凰山和麒麟山虽然毗邻，都是海相地质构造，但地质构造特点和化石种类差别也是非常之大。因为两山的岩石成分不同，化石种类亦不同，因此两山岩石的颜色有所不同，凤凰山岩石颜色深灰，麒麟山岩石颜色灰白，就连卫星地图上也能显示出这一特点（图2.6）。针对前燕皇帝慕容皝发现龙城河东高山好似一黑一白两条龙盘绕的情景，许多人认为这是他为了建都龙城（今朝阳）与维护他的统治地位制造舆论而编的神话故事，实则有资料记载他为了防御的目的曾对城东

的两座山进行了地质地貌的考察，也许当时就发现了这两座山地质构造不同。通过实地考察凤凰山和麒麟山的地质构造和化石种类的差异，再通过对史书记载分析，白天莹初步判断这两座山根本就是在不同的地质年代形成的两种海洋生态系统的遗迹。换言之这两座山虽然都是海相地质构造，但二者形成年代、形成过程、作用机理都是不同的。

图 2.6 朝阳凤凰山景区卫星观测图
麒麟山位于西北，山体面积小，颜色稍浅；凤凰山位于东侧，山体面积大，
颜色深，从北、东、南三面将麒麟山包绕起来

2008年白天莹教授曾写过一篇《麒麟山——远古生命的摇篮》的报道并发表在《燕都晨报》上。由于麒麟山的地质年代无法确定，它的学术价值和影响尚未体现出来，向专业期刊投递的论文杳无音信。当时她主要从事生物教学工作，没有足够的时间和精力进行课题研究，所在的朝阳师范高等专科学校也没有仪器设备支持研究，但她始终也没间断考察和研究工作。2012年所在的朝阳师范高等专科学校成立了自然陈列馆，由白天莹主持工作承担展馆管理、科普宣传和古生物研究任务（图2.7），2013年该校陈列馆被辽宁省科技厅和辽宁省科学技术协会确定为"辽宁省科学技术普及基地"，并于2014年在科技部"国家科普资源基本状况统计"的科

普场馆中备案，同时该校陈列馆还是沈阳师范大学古生物学院暑假社会实践活动基地，开展相关的合作研究，这一切都为更好地开展朝阳凤凰山的古生物研究奠定了基础。另外，辽宁工程技术大学孵化该校设置矿物加工工程和生物工程本科专业，配套购置了先进检测分析仪器设备，组建了电子材料及产品研究分析检测中心和大型科学仪器设备协作共享平台，并与朝阳市科技局公共服务中心合作建成朝阳市矿物加工工程重点实验室，与龙城区市场监督管理局合作建成龙城区产品质量检测中心。这些工作为课题研究提供了必要的仪器设备保障，为开展多学科的古生物合作研究搭建了硬件平台。在此基础上我们查阅了大量资料，发现对于朝阳凤凰山和麒麟山地质构造和化石种类的研究，目前在国内外仍属于一个空白研究领域。鉴于此，2015 年白天莹教授成功申报了辽宁省教育厅科学研究一般项目课题"朝阳市凤凰山与麒麟山地质构造和化石种类比较研究"，从此对凤凰山和麒麟山开始了系统的考察和研究，主要解决地质年代问题并对化石种类进行初步的分类统计，构建朝阳生物群的框架。

图2.7 2012 年 4 月白天莹教授（左二）、张朝辉（左一）、李东平（右二）、邵玉兰（右一）4 位老师考察凤凰山

在国内研究寒武纪生命大爆发时期的化石最有影响的堪称云南澄江化石群（5.3亿年前）和贵州凯里生物群（5.2亿年前），它们与加拿大布尔吉斯生物群构成世界三大页岩型生物群，在国际地质界占据重要地位，解释了许多寒武纪生命大爆发的生物进化难题。朝阳凤凰山和麒麟山不同层位的地质年代如何？化石种类能有多少门类、种属？若"朝阳生物群化石"的地质年代与澄江生物群和凯里生物群同期，它就可以作为北半球温带地域寒武纪生命大爆发的重要组成部分；若"朝阳生物

群化石"的地质年代远早于澄江生物群和凯里生物群，它的科学研究意义将无可估量。因此确定朝阳生物群的地质年代是课题的关键问题之一，这也是我们确立该科研课题的主要目的。

2.2 朝阳生物群化石的初步研究

朝阳师范高等专科学校位于朝阳腹地，20 世纪 80 年代以来对于热河生物群的研究使该校相关学科的教师都具备了一定的古生物学领域的研究基础。该校先后派 5 名教师到中国科学院古脊椎与古人类研究所进修学习，开展合作研究工作，他们是项目的骨干力量。课题团队共有 15 名成员，分别是生物学专业、地理学专业、物理学专业、矿物加工专业、分析检测专业的教授、副教授、讲师、化石修复师，其中教授 3 人、副教授 4 人、讲师 7 人，有 10 人是近几年重点院校毕业的硕士研究生，2 人博士在读。年轻的研究生有热情，掌握着最前沿的专业知识，具备使用最先进仪器设备的能力，他们是项目研究的积极力量。我们将交叉融合生物学、地理学、物理学、岩石学等多学科开展研究；从地球演化、生命起源的视角，采用现代科技手段研究古生物、岩石的宏观结构，光学显微镜下的生物体细胞、组织结构，扫描电镜下的细胞亚显微结构，用 X 射线衍射、X 射线荧光测定有机分子结构及化学分析化石的元素成分等层次；从地质构造成因、岩石成因、化石成因多角度对凤凰山和麒麟山地质构造和化石种类进行比较系统的研究。

该课题研究时间为 3 年，为确保课题顺利完成我们制订了课题实施计划。

第一年主要有 3 个方面的工作：(a) 完成野外考察工作，获取凤凰山和麒麟山地质构造的岩石层位、化石分布的第一手资料和标本。因为参与项目的教师在学校都有教学任务，每次野外考察都不可能是全员出动，因为天气、学校工作等原因考察很可能是断续的。(b) 与中国地质科学院或地质大学联系岩石年代测定事宜，并提供样本进行测定。(c) 对主要层位的岩石和化石进行陆续的检测研究，写出相应的检测结果，建立研究资料档案。

第二年的工作重点：(a) 项目的主要研究成员到云南澄江和贵州凯里进行考察学习以便进行比较研究。(b) 继续进行野外考察，对特殊化石点有必要进行重复考察。(c) 根据第一年对岩石和化石研究的情况、检测数据，调整检测内容和范围。查找资料开始写项目的研究分析报告。

第三年发表研究论文，同时撰写一部《朝阳市凤凰山与麒麟山地质构造和化石种类比较研究》的专著。

我们从事的是一项全新领域的研究，课题计划可能随着新发现的具体情况有所调整。

2.2.1 摸索阶段的野外考察

野外科学考察是课题研究的基础工作，而且是件非常艰苦的劳动，要想更多地发现化石和掌握它们的分布规律需要沿着天然的地质剖面向上攀登，多数考察路线是没人走过的路，且有的地方非常陡峭，存在潜在的危险。考察队员首先要不怕苦、不怕累，同时要用严肃认真的科学态度对待考察。因为之前的考察经历，我们知道无论是凤凰山还是麒麟山的岩石、化石都是石质的且非常坚硬，没有特殊手段几乎不能采到理想的化石标本。因此我们主要是对地质构造和化石种类分布情况进行普查做好地理标记，在尽量不破坏地貌结构的原则下，采集一些岩石、化石的标本用于研究。近一年来我们选择 10 多条具有典型地质构造特征的路线，对凤凰山和麒麟山进行系统排查和地理标记，获得大量翔实的不同地质构造和化石分布情况的第一手资料，每次考察都会有新的发现和新的感悟。

第一次科考令人印象深刻。2015 年 4 月 29 日课题组邀请了朝阳师范高等专科学校生化系田明学书记和该校保卫处刘宝龙处长做登山向导，白天莹带领考察队员一行 13 人沿凤凰山北小塔子岭攀登到凤凰山中寺（云接寺）。下山时分成三路下山：第一路从中寺到上寺由十八盘下山，第二路从中寺直接到下寺下山，第三路从凤凰山北沟下山。这样做既考虑了考察队员的身体素质，也保障了对交通工具的合理使用，同时大大增大了考察的地域范围。本次考察从山下小塔子南第一处裸露的岩石 F1（第一个采样点）处进行拍照取样（图 2.8），到小塔子岭顶峰共标记岩石 9 处，从 F1 到 F9（第二个采样点）均有形态构造不同的藻类化石出现，凤凰山山顶部有水母、震旦角

图 2.8　小塔子南 F1 处取样点
岩石表面有藻类植物化石，岩石内侧呈绿色。刘守华教授（右二）、韩佳宏（左一）、丁春江（右一，博士在读）、岳增川老师（左二）

和菊石化石。从十八盘中部采集一块有许多叶状体的藻类植物化石。发现比较典型的地质构造 6 处，小塔子岭与东面山的岩层角度呈对称关系，小塔子岭岩层倾斜角度为 60°、70°、80°，到顶峰时甚至达 90°，并有一竖直分离景观，下寺到中寺转弯处和中寺到上寺转弯处有两处大断裂遗迹，嵌入部分岩石坚固程度不同说明断裂是不同年代的不同地质作用形成的，接近上寺处有一处断裂岩层移位遗迹。在小塔子岭向凤凰山过渡处有一段岩石颜色特别深，甚至发黑，岩石成分变化明显。

本次考察收获颇丰，不仅体现在对考察任务的完成方面，更重要的是考察队员的工作态度和意志品质得到了锻炼。表现最突出的是丁春江老师，他有严重的恐高症，开始我们不知道这条登山的路有多么艰难，到达小塔子岭时他说他恐高一步都不敢走了。在小塔子标记处有十几米的路段非常险峻，海拔 509 m，左侧是超 300 m 深的悬崖峭壁，右侧是倾斜 70 多度光秃秃的岩石，中间只有 50 ~ 60 cm 宽的凹凸不平的通道。若从这里沿刚才登山的路往回走下山，路也很危险，只能前行，大家都为他捏一把汗。告诉他只能爬过来，看眼前的路，不能抬头向左右看，书记和处长一前一后为他保驾护航，到达安全的地带回头看，他简直不敢相信自己能从那样的路爬过来，他战胜了自己，我们大家为他点赞。

考察后及时写好考察记录非常重要，记录考察路线，考察时的发现及地理标记，考察时的感悟，考察队员对地质地貌形成的见解。分析资料，即对考察记录、图像信息进行分析整理，对岩石、化石标本进行初步的分类，建立信息资料档案。

2.2.2　麒麟山的化石引发的学术争议

因为我们的课题是对凤凰山和麒麟山地质构造和化石种类进行比较研究，所以第二次考察的目标是麒麟山。2015 年 6 月科考队第一次考察麒麟山，在北洼村东沿着山体西侧向斜坡（断层）的登山小路上山，路虽然比较陡，但不算险。没走多远就发现了化石。如果是大面积的岩层表面暴露在外，上面就有许多背面观的实体化石，突出于岩石表面并镶嵌在岩石中与岩石融为一体（图 2.9）。如果是一层层沉积岩的断层，就会看到许多圆形、椭圆形、扁圆形的连续或分散的天然矢状剖面化石夹在约 7 cm 厚的白云质灰岩中（图 2.10），这是麒麟山最突出的特点。对于有明

图 2.9　麒麟山背面观化石和天然的冠状剖面化石

图 2.10　麒麟山的白云岩间夹着许多矢状剖面的化石，形成有规律的沉积律

显生物体特征的如：麒麟山涡虫，身体螺旋状有生长线的无壳螺类，蛤类等。大家都认可它们是化石。但是对圆形、椭圆形硅质结核的认识，不同学科的老师观点截然不同。当生物学教授白天莹向考察队员介绍如何根据圆形、椭圆形矢状剖面内的结构层次判断哪些是古软体动物的化石，哪些是古环节动物化石时，矿物加工专业研究生毕业的张金良老师却提出了不同的意见，认为它们不是化石，是海洋硅质结核，是海相地质构造特有的结构，是由于海底热液的气泡内部不断有硅物质沿气泡边缘生长形成的。

明明是化石，为什么张老师说不是化石，生物学教授白天莹还是第一次听说海底热液形成硅质结核的说法觉得很奇怪。地质学教材里的概念，大学老师的讲解没有错，张金良老师觉得白天莹的观点很荒唐。

张老师的质疑是暴露在岩石表面不是厌氧的环境怎么可能形成化石。

白天莹教授则认为远古的生物生活在海洋中，由于突发的地质事件将它们迅速掩埋，使得分解者根本没有机会将它们分解，经过许多亿年与周围沉积物的交代作用，与充填的物质一同石化，以后随地球内力的作用，岩层不断上升暴露在高山之上。只有生物体才会有严整的结构，漫山遍野的相同或不同的硅质结核都有相同或相似的内部纹理，这是它们具有相同或相似的生物体组织结构的结果。如果是由海底热液形成的，它们的纹理应该是放射状的或均质的结构。

这不仅仅是两个人（图 2.11）观点的不同，还是不同学科的人脑海中的知识储备不同，因而对同一事物认识的切入点不同，解释不同。目前谁也说服不了谁。我们的课题首先要解决的两大问题，一是这些"疑似化石"是不是化石，二是麒麟山和凤凰山的地质年代测定问题。

通过本次麒麟山考察我们的收获巨大：(a) 认识了麒麟山的地质构造特点：灰白色的岩石上、岩层间镶嵌着许多的硅质结核，这是海相地质构造的标志，但是麒麟山与凤凰山的地质构造截然不同。(b) 发现了古涡虫的化石、古代有体节分化的动物化石。(c) 通过对硅质结核的争论，不同学科的老师间知识有了互补，大家深刻地意识到这一定是一个重大发现。

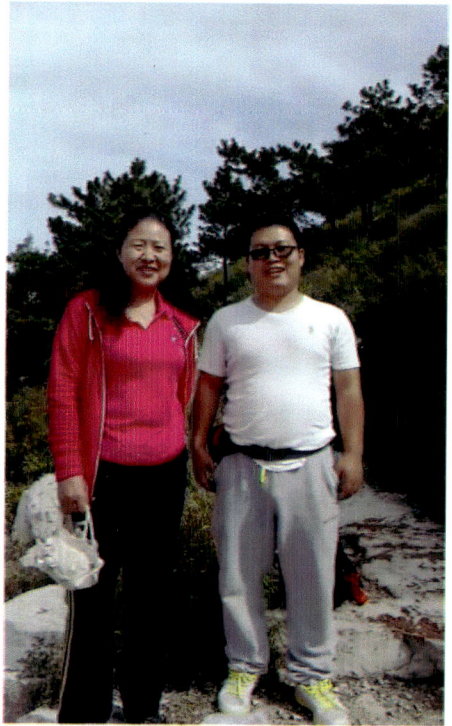

图 2.11 白天莹教授和张金良老师考察时留影

2.3 朝阳生物群与澄江生物群、凯里生物群的比较研究

"朝阳市凤凰山与麒麟山地质构造和化石种类比较研究"课题的初步考察和研究已经预示着一个重大的发现，它与地球远古海洋的演化和多细胞动物的起源密切相关，尤其是燧石结核的成因与200多年来地质学家和古生物学家的研究产生了一定的分歧。这不是一个区域性的问题，引起了课题组全体成员的高度重视。我们必须与全世界研究早期生命起源的生物群和研究成果比较研究，进行实地考察获得第一手资料是关键的。寒武纪生命大爆发是全世界学术界公认的多细胞动物起源的基本观点，研究早期生命的演化最有影响和可以借鉴的只有国内的云南澄江生物群（5.3亿年前）和贵州凯里生物群（5.2亿年前），国外的还有加拿大布尔吉斯生物群。这三者构成世界三大页岩型生物群，在国际地质界占据重要地位。在朝阳市凤凰山和麒麟山发现的大量远古软体动物、环节动物、蠕虫类等疑似低等无脊椎动物实体化石的生存年代是寒武纪时期？还是奥陶纪时期？甚至是更早地质年代的生物群呢？总之，这是一个全新的还没有人研究的领域，比举世瞩目的热河生物群化石年代至少提前4亿年甚至更早，学术价值和科学意义非常重大。为此课题主持人白天莹教授和刘守华教授去云南和贵州进行了野外考察，对朝阳凤凰山和麒麟山的化石与澄江生物群凯里生物群化石的地质背景、化石特点、古生物的进化地位进行比较研究，确定该课题的学术价值。

2.3.1 澄江生物群及其地质背景

（1）澄江动物群的发现及其意义。1984年7月1日，中国科学院南京地质古生物研究所研究员侯先光在云南澄江县帽天山发现了"纳罗虫"（图2.12）化石，向人类揭示沉睡了5.3亿年的寒武纪早期世界，从此中国云南玉溪澄江帽天山声名鹊起，传遍世界。1984年以后的17年间，来自10多个国家的50多位古生物学家，在澄江帽天山地区采集了约3万块化石进行了多学科综合性研究后，取得了一系列举世瞩目的成果：已在国内外著名的刊物发表科学论文130余篇，研究专著10余部。澄江动物群主要由40多个门类、180余种无脊椎动物化石组成，门类相当丰富，保存非常精美，不仅有大量海绵动物、腔肠动物、腕足动物、环节动物和节肢动物，而且有一些鲜为人知的珍稀动物，以及形态奇特，现在还难以归入任何已知动物门的化石。1991年4月23日，美国《纽约时报》以头版头条并附配精美图片介绍中国帽天山动物群的发现，并指出这是"20世纪最惊人的科学发现之一"。1996年8月2日，中国中央电视台的《新闻联播》播放了这一振奋人心的消息。

图2.12 澄江生物群发现的第一块化石长尾纳罗虫

澄江动物群的发现及研究意义。从低等的海绵动物到高等脊索动物，几乎所有的现存动物门，还有许多现在已经灭绝的动物类群，都可以在澄江动物群中找到它们各自的代表。云南澄江化石使脊椎动物出现提前了 6000 万年，为研究寒武纪早期动物的解剖构造、功能形态、生活习性、系统演化、生态环境、埋藏条件和保存方式提供了具有重要科学价值的可靠依据。"澄江动物群的地质年代正处于'寒武纪大爆发'时期，它让我们如实地看到 5.3 亿年前动物群的真实面貌，各种各样的动物在'寒武纪大爆发'时期迅速起源，现在生活在地球上的各个动物门类几乎都已出现，而不是经过长时间地演化慢慢变来的。"经过 30 多年中外科学家的深入研究，"寒武纪生命大爆发"的学说已经形成一种完善的理论体系并且深入人心。

(2) 澄江生物群化石分布及地质背景。澄江生物群化石分布广泛，主要产地位于云南省玉溪市澄江县（凤麓镇）城东 6 km 帽天山附近。帽天山位于澄江坝子的东面，距澄江县城 8 km，为东山的一座山峰，因形如一顶草帽而得名，方圆不到 1 km，海拔高度 2026 m。帽天山化石带，呈带状蜿蜒分布，这条分布带长 20 km，宽 4.5 km，埋藏深度在 50 m 以上。

(3) 地质背景。澄江生物群最早发现于云南澄江帽天山附近，化石产出地层最早为云南下寒武统筇竹寺组玉案山段一种黄绿色细粒泥质岩中，另外，在泥岩地层之上黄绿色粉砂质页岩中也发现了丰富的澄江生物群化石。随着更多学者投入的研究，化石产地在地理上的分布也扩及云南的东部地区，并且逐渐发现不同地区的澄江生物群群聚组成，会因为沉积环境与埋藏条件的不同而有所差异，例如：在澄江帽天山地区的澄江生物群（超过 100 种）中，古介形虫类的小昆明虫（*Kunmingella*）在个体数量上便占绝对优势，甚至曾经有占了总数八成的记录；而在昆明海口地区的澄江生物群（已描述过的化石超过 14 门，64 属，85 种）中，则以大附肢纲（*Megacheira*）中的林桥利虫与线形虫动物门中的环饰蠕虫（*Cricocosmia*）与帽天山虫相比较占优势，其标本保存完好，有的动物口腔构造、体内肠管都清晰可见，为研究地球生命史提供了重要的依据。人们把帽天山称为"世界古生物的圣地"，编入了联合国"全球地质遗址预选名录"，成为"代表地球的重要历史阶段并包括生命记录突出的模式"。传统观念认为无脊椎动物软体部分容易腐烂而遭到破坏，很难形成化石，澄江动物化石之所以能完美地保存下来，就是具有极其特殊的自然环境条件。在古地理的重建研究上，根据地质学家和古生物学家们对云南及澄江的地层取样研究后认为：在寒武纪早期，滇东、滇中、黔西、两广一带是海域，澄江为海域在滇中隆起的扬子江浅海区，靠海岸较近，因此容易聚集泥质的沉积物。在早期寒武纪时期的云南东部地区，当时是位于扬子地台的西南缘，而澄江生物群则可能是热带浅海的生物群聚集区；这时期气候温暖，海水矿物质变得丰富，海绵、蠕虫、节肢动物、腕足动物等底栖动物，水母状动物等浮游动物，多门类的游泳动物与藻类植物大量出现。后来这些海栖动物和植物突然被洪水或其他意外涌来的泥质沉积物埋藏，隔绝了空气，不易腐烂，若不再遭遇外界破坏，其软体就容易保存下来，天长日久变成为化石。关于快速掩埋的原因：根据沉积学的观察，有的学者认为是风暴所引起浊流的快速掩埋；有些则认为可能是来自陆地的大风暴带来大量泥质沉积物而快速掩埋；另外也有学者依据地层中夹有数层火山灰沉积的现象认为化石的快速掩埋可能与火山爆发提供大量沉积物有关。

（4）层位测年。 云南晋宁梅树村剖面是国际前寒武系—寒武系界线候选层型剖面之一，位于北纬24°　44′、东经102°　34′。1984年8月，侯先光在此剖面工作时，在下寒武统筇竹寺组玉案山段 Eoredlichia–Wutingaspis 带一层灰绿、灰黄色泥岩内（野外号 AEF-k10）发现了少量水母、蠕虫、大型双瓣壳节肢动物等化石，它们同属于澄江生物群动物。由于大部分化石风化程度较强，给同位素年龄测定带来困难。因此应用 40Ar/39Ar 快中子活化法，测得澄江地区大坡头剖面玉案山段下部伊利石 40Ar–39Ar 年龄为距今 5.59 亿至 0.77 亿年；晋宁地区昆阳磷矿剖面玉案山段下部伊利石 40Ar–39Ar 年龄为距今 5.59 亿至 0.98 亿年，该年龄代表澄江动物群的下限同位素年龄值。

2.3.2　澄江动物群化石图片和标本与朝阳生物群化石比较

白天莹教授和刘守华教授在云南澄江生物群化石产地进行了 4 天的考察（图 2.13），参观展品、收集资料和野外考察采集相结合，从澄江生物群比较典型的动物化石（图 2.14）形态结构可以看出澄江生物群的动物门类多、进化水平高等。通过从侯先光当年发现第一块化石的地方采集一些并不完整的原生态化石标本明显看出澄江生物群化石与朝阳生物群化石

图 2.13　白天莹教授和刘守华教授到澄江生物群产地考察

不论是地质背景、化石特点、动物的进化程度等方面都存在着极大的差异（图 2.15、图 2.16）。发现朝阳生物群与澄江生物群绝对是地质年代不同的生物类群。朝阳生物群化石（图 2.17）比我国研究生命起源最早的澄江化石群的生物还要低等，年代还要久远，那么我们这个课题的学术价值将无可估量，要挑战上百年来人们早已形成的"寒武纪生命大爆发"传统观念，可见它的难度该有多大，道路就将有多艰辛。

尖峰虫化石

东方日射虫化石

中间型古莱得利基虫

真形星口水母化石

拟小细丝海绵化石

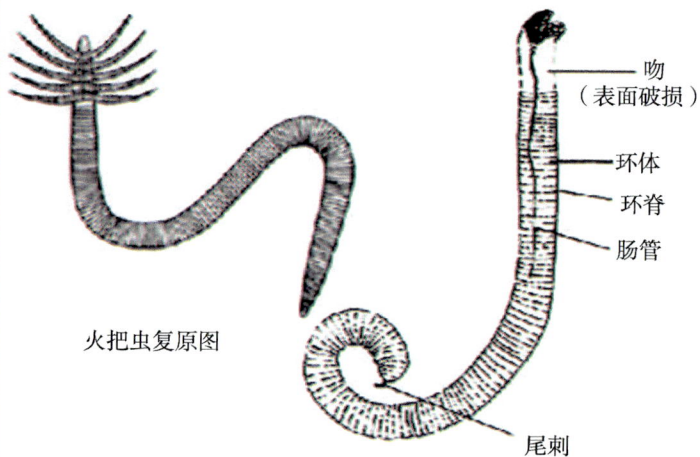

火把虫复原图

帽天山虫复原图

吻
（表面破损）

环体

环脊

肠管

尾刺

图 2.14　澄江化石群修复并已经命名的比较典型的动物化石

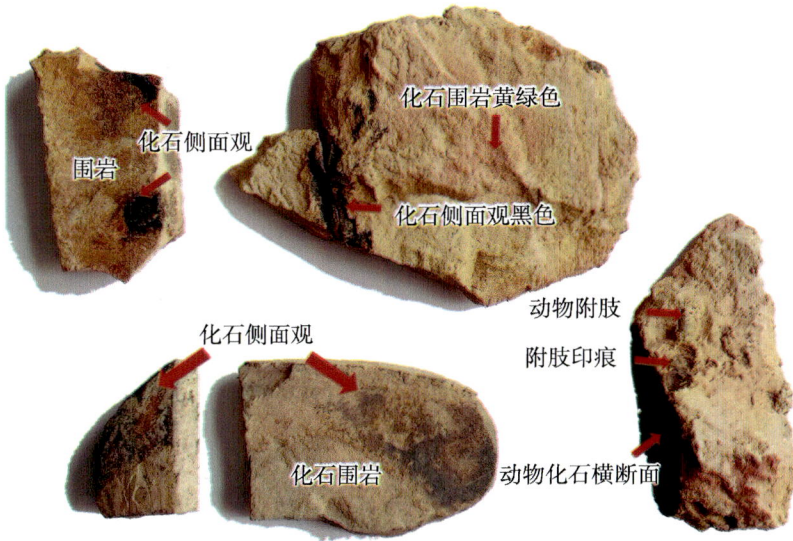

采自云南澄江帽天山的原生态立体泥质化石——围岩表面观

图 2.15　采自云南澄江帽天山的原生态化石和围岩

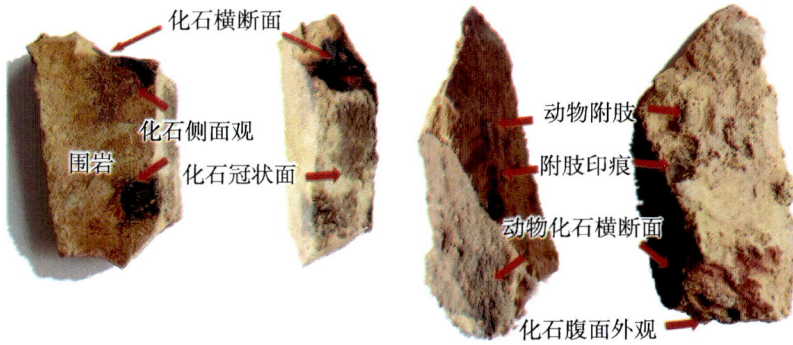

采自云南澄江帽天山的原生态立体泥质化石——显示侧面、横断面和冠状面

图 2.16　云南澄江帽天山原生态泥质化石的立体关系

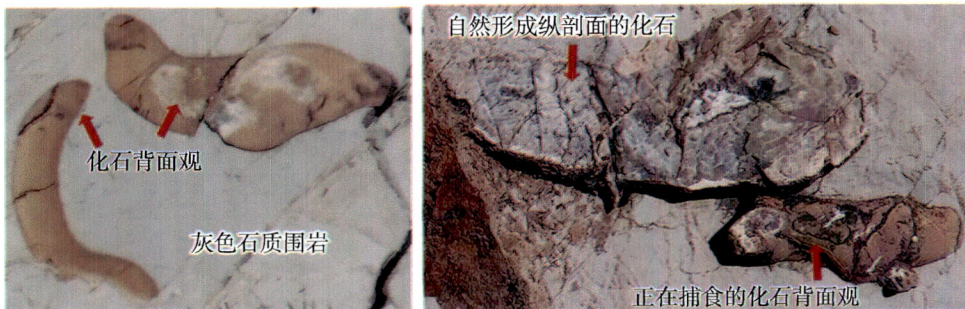

图 2.17　朝阳生物群原生态立体石质化石

从澄江生物群的中间型古莱得利基虫、尖峰虫、火把虫及新采集的原生态化石看，澄江生物群中许多门类的生物都已出现了明显的体节、附肢，动物体的形态构造特征非常清晰，朝阳生物群的化石到目前为止还没有发现出现分节的附肢的类型，即没有节肢动物出现。它们是运动能力很弱的海洋底栖动物，其动物体的形态构造特点用肉眼难以辨认。通过表 2.1 比较朝阳生物群化石和澄江动物群化石的区别一目了然。

表 2.1　澄江动物群化石与朝阳生物群化石的比较

比较	澄江动物群	朝阳生物群
地理位置	云南澄江帽天山附近	辽宁朝阳整个麒麟山脉凤凰山南端
地质背景	古生代、下寒武统筇竹寺组玉案山段，热带海洋气候，化石围岩是黄绿色细粒泥质岩和黄绿色粉砂质页岩	海相地质构造，化石围岩是浅灰色白云岩和深灰色白云岩
化石与围岩	化石埋藏在泥土中，与泥土融为一体，动物特征明显	化石暴露在岩石表面，一般突出于岩石表面 1 cm，并夹在或嵌入白云岩中，有较明显的界线。两者成分不同
化石质地	泥质、很脆弱，易风化和破损	硅质、很坚硬不易破损
埋藏特点	立体泥质化石	立体石质化石
埋藏机理	底栖海洋生物身体有较大的承受压强的能力，不能被海水的压强压扁，当海洋或陆地的大风暴带来大量泥质沉积物将动物快速掩埋时隔绝了空气，动物会迅速死亡而软体组织不容易腐烂，压在其上的泥质沉积物的重量又没有把它们压扁，以后很长的地质年代内不再遭遇外界环境的破坏，便与周围的泥质沉积物一同石化	
埋藏时间	5.4 亿年	非常久远
类群及进化地位	海绵、蠕虫、节肢动物、腕足动物。动物在进化的历程中已出现足，而且出现分节的足。动物的进化地位相当高	大多为低等的无脊椎动物扁形动物、蠕虫、没有贝壳的软体动物，组织结构肉眼较难辨认。动物的进化地位较低

通过资料分析、实地考察、实物比较和列表比较，证明朝阳生物群和澄江动物群形成的地质背景不同、化石质地不同、埋藏的机理相似。朝阳生物群的化石从进化角度看有腔肠动物、扁形动物、似环节动物、没有形成贝壳的软体动物等，还没有进化出有节肢的动物类群，说明朝阳生物群动物进化地位较低，比澄江动物群化石年代更加久远。

2.3.3　凯里生物群的地质背景及分布

尽管我们初步判断朝阳生物群比澄江生物群年代要早很多，那么一定比凯里生物群年代更早，白天莹和刘守华两位教授对凯里生物群还是进行了非常严肃认真的科学考察。

（1）凯里生物群地质背景。凯里生物群化石主要产于贵州省黔东南苗族侗族自治州剑河县革东镇八郎村。革东镇八郎村后山乌溜—曾家崖、苗板坡两个剖面中的凯里组中上部，其凯里组发育完整，厚 214.2 m，主要由粉砂质泥岩和泥岩组成，底、顶部灰岩发育是凯里生物群的主要剖面及化石地点。黔东地区丹寨—剑河（原台江）一带凯里组厚度大（> 200 m）（镇远地区的厚度< 100 m），是一个跨早、中寒武世的岩石地层单位。其底部以灰色白云质灰岩、白云质泥岩与灰黑色中薄层白云岩的清虚洞组为界，顶部以灰色生物碎屑灰岩与中厚层砂质白云岩的甲劳组为界。

　　（2）**凯里生物群分布**。凯里生物群主要分布在黔东剑河、丹寨、镇远、铜仁一带。凯里地区剑河至丹寨一带位于过渡区，本区凯里组既含有大量底栖的生物，又含有浮游的生物，三叶虫十分丰富，由下而上可分为 3 个三叶虫带，即：*Ovatoryctocara granulata—Bathynotus holopygus* 带、*Oryctocephalus indicus* 带和 *Olen-oides jialaoensis—Oryctocephalus orientalis* 带。以 *Oryctocephalus indicus* 带首先作为寒武系第 3 统的开始，因此，本区凯里组是一个跨早、中寒武纪的岩石地层单元，其中剑河八郎乌溜—曾家崖剖面是国际潜在的寒武系第 2 统和第 3 统界线层型剖面及点位，剑河川硐尖山剖面是乌溜—曾家崖剖面的辅助剖面。本区整个凯里组含有大量生物化石，中上部即 *Oryctocephalus indicus* 出现往上占据的层位中富含全球著名的布尔吉斯页岩型生物群——凯里生物群。因此，本区凯里组是一个既含有重要布尔吉斯页岩型生物群，又含有国际寒武系第 2 统和第 3 统界线层型候选剖面的地层单位，形成于近台地的内陆棚沉积环境中。而玉屏—凤凰小区的铜仁一带凯里组主要由泥、页岩组成，生物比较单调，三叶虫主要为 *Eosoptychoparia guizhouensis*，*Peronopsis* 等，带有寒武系第 3 统的色彩，因此，铜仁地区的凯里组是属于第 3 统寒武统下部的层位。

　　在这里我们重点考察了国际寒武系第 2 统和第 3 统界线层型，与朝阳市凤凰山核心景区的寒武纪地层进行了比较。

2.4　课题研究的重大突破预示着一个惊人的发现

　　在对朝阳麒麟山野外考察时课题组成员对硅质结核的成因认识产生了争议，只有白天莹教授坚定不移地认为硅质结核是化石，其他老师甚至生物学教授本来就对圆形、椭圆形的硅质物质是不是化石就持怀疑的态度，听了张金良老师用海底热液学说对其形成过程的讲解后，这些老师对它们是化石的属性更加怀疑了。白天莹教授和刘守华教授通过对云南澄江生物群、贵州凯里生物群产地考察推断出朝阳生物群比澄江生物群年代早很多，这对寒武纪生命大爆发的学说提出了挑战，麒麟山的地层年代问题就成为课题的一个关键问题。

2.4.1　向专家请教解决了地质年代问题

　　2015 年 7—8 月，在进行野外考察的同时我们与中国地质大学（北京）和中国地质科学院（北京）联系用同位素测定地质年代的事宜。测定地质年代最好的方法是同位素测定法，Ar-Ar、U-Pb 同位素定年法，Rb-Sr、Sm-Nd 和 Re-Os 等时线测定地质年代都非常好。他们的意见是，我们的课题经费无法完成绝对地质年代的测定，最好是利用岩石比对的方法进行相对地质年代的确定。根据我们提供的照片，中国地质大学的生物学教授认为它们有的像腔肠动物化石，但不能确定。于是他们请教了比较权威的地质学教授，教授给出的答案是中晚元古代蓟县系（jx）或青白口系（Qn）的燧石硅质结核，这不是化石，在北京城郊就有很多。中国地质科学院的古生物学家高林志研究员看了照片后指出有明显生物特征的是化石，另外的不是化石。并认为化石体现的生物体结构已经进化到了较高的水平，年代应该比寒武纪澄江化石群晚，澄江化石群是研究寒武纪生命大爆发的最典型的化石群，建议可以到云南澄江化石群去考察。当白天莹说明很有可能是雾迷山组的化石时，高林志研究员指出，如果是雾迷山组的，提出雾迷山组是化石一定要慎重。

最后我们请教辽宁省国土资源厅和辽宁省第三地质大队的领导专家，采用岩石比对、实地勘察与资料分析结合的方式基本完成了地质年代的确定工作。据 1990 年出版的 1∶50 000 朝阳市区地质图（图 2.18）考证：凤凰山最南端和整个麒麟山脉是中元古代蓟县系雾迷山组的地质构造，距今 14 亿至 10 亿年。凤凰山的地质年代跨越很大，最古老的岩层可以追溯到 28 亿年前的太古代、14 亿年前的元古代、5 亿年前的古生代寒武纪和奥陶纪。

从辽宁省区域地质志中获悉，中华人民共和国成立前，对辽西的元古界进行研究的研究者不多，1931 年谭锡畴曾对朝阳一带进行过调查，但未做详细分层。中华人民共和国成立后辽西地区的中、上元古界，因与蓟县标准剖面毗邻，同属一个整体，所以对其研究者也较少。对于朝阳凤凰山和麒麟山的研究主要是参照蓟县剖面，同时参考了辽东复州和大连的研究成果。虽对蓟县系杨庄组地质构造是以凌源小桦皮沟描述的，雾迷山组地质构造的描述主要是以朝阳姜家店剖面完成的，洪水庄组和铁岭组地质构造的描述主要是以凌源老庄户剖面完成的。综合以上资料和实地考察绘制出朝阳市区地质图，因没有进行同位素的测定，对麒麟山和凤凰山各个山峰的地质年代具有理论上的指导意义，但不能作为划界的依据，而辽宁省区域地质志中对朝阳市凤凰山地质构造的研究信息几乎是处于空白状态，从这个意义上讲我们的课题对朝阳市凤凰山和麒麟山地质构造的比较研究就是一项填补地质空白的研究。

地质年代是用来描述地球历史事件的时间单位，通常在地质学和考古学中使用，按时代早晚顺序表示地史时期的相对地质年代和同位素年龄值。为更清楚地展示中元古代雾迷山组和寒武纪、奥陶纪的关系，我们先看一看地史发展阶段划分示意图（图 2.19）。

地球形成大约有 46 亿年的历史，距今 46 亿至 38 亿年为冥古代，从没有生命到出现原始生命。距今 38 亿至 5.7 亿年叫隐生宙，生命不明显的地质时代。距今 5.7 亿年至今叫显生宙，生命大发展的地质年代。

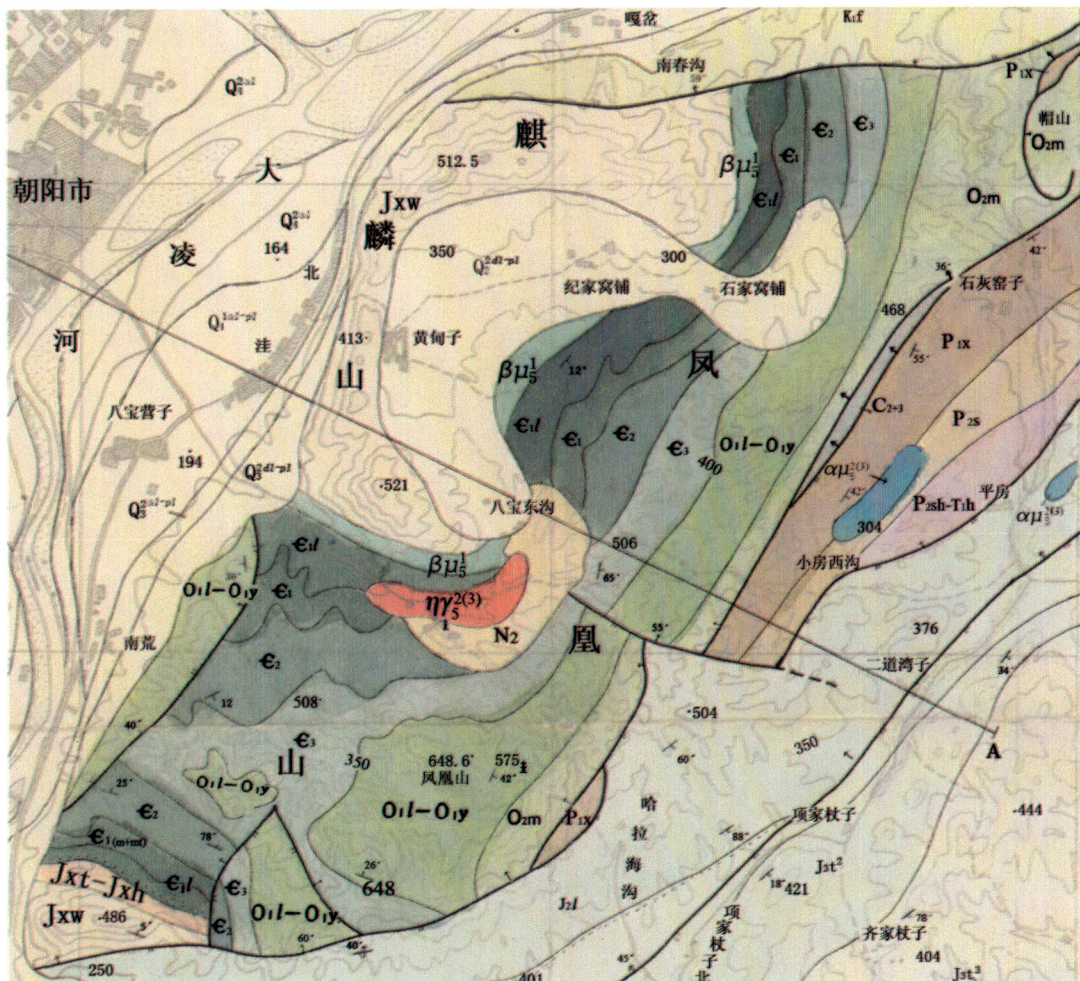

（选自朝阳市区地质图 编者：李元昆 清绘：许连智）

比例尺 1：50 000

绘制单位：辽宁省地质矿产局第三地质大队
出版印刷单位：辽宁省地质矿产局 出版时间：1990年2月

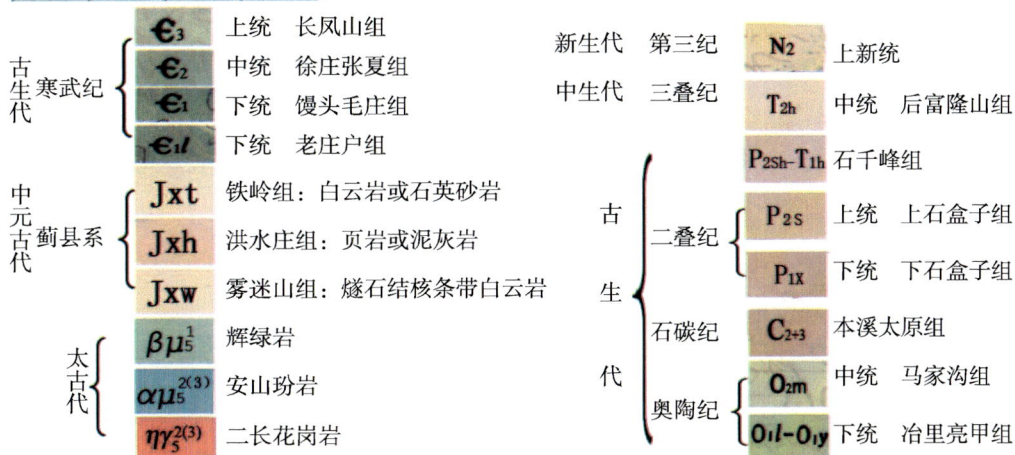

0 500m 1 000m 2 000m

古生代	寒武纪	$\mathsf{\epsilon_3}$	上统 长凤山组
		$\mathsf{\epsilon_2}$	中统 徐庄张夏组
		$\mathsf{\epsilon_1}$	下统 馒头毛庄组
		$\mathsf{\epsilon_1 l}$	下统 老庄户组
中元古代	蓟县系	Jxt	铁岭组：白云岩或石英砂岩
		Jxh	洪水庄组：页岩或泥灰岩
		Jxw	雾迷山组：燧石结核条带白云岩
太古代		$\beta\mu_5^1$	辉绿岩
		$\alpha\mu_5^{2(3)}$	安山玢岩
		$\eta\gamma_5^{2(3)}$	二长花岗岩

新生代	第三纪	N_2	上新统
中生代	三叠纪	T_2h	中统 后富隆山组
古生代	二叠纪	$P_{2Sh}\text{-}T_1h$	石千峰组
		P_{2S}	上统 上石盒子组
		P_{1X}	下统 下石盒子组
	石碳纪	C_{2+3}	本溪太原组
	奥陶纪	O_2m	中统 马家沟组
		$O_1l\text{-}O_1y$	下统 冶里亮甲组

图2.18 朝阳市凤凰山景区地质图

单位：亿年

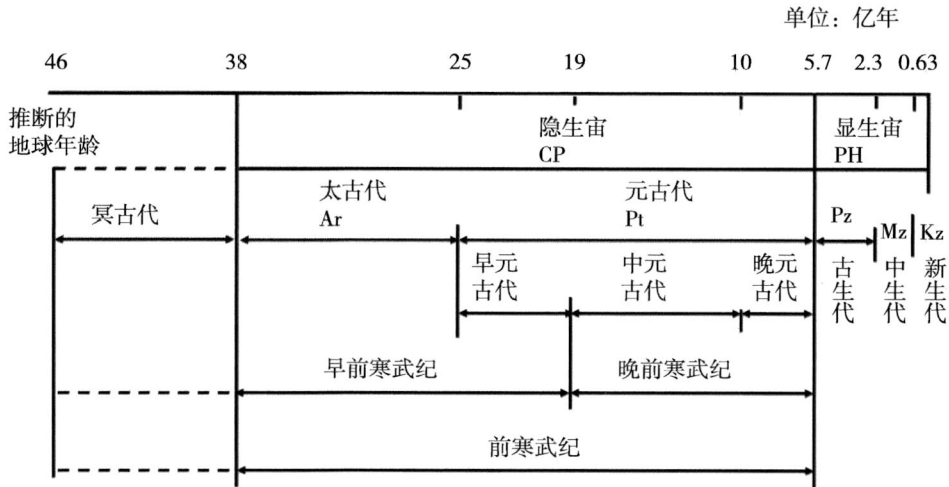

图 2.19　地史发展阶段划分示意图

1859 年达尔文曾因没有发现寒武纪前的化石而困惑，150 多年来全世界古生物学家进行的古生物研究成果几乎都支持寒武纪生命大爆发的事实，以至于寒武纪生命大爆发成为世界上"自然科学十大悬案"之一。朝阳发现了中元古代的化石，这简直是一个惊人的发现，难以置信的发现，这一结果完全出乎我们的预料。由于长期以来受寒武纪生命大爆发学说的影响，此前推断这些化石可能属于距今 5.7 亿至 4 亿多年的寒武纪或奥陶纪。朝阳中元古代化石的发现把多细胞动物的进化史向前推进至少 8 亿年，难怪地质学教授非常坚决地说它们不是化石，古生物研究员指出，提出它们是化石一定要慎重，因为从 1850 年至本课题完成前经历了 160 多年的时间里，人类通过资料的积累逐步确信，占地球发展历史大约 85% 的漫长时间是隐生宙，这是探索和研究隐生宙生命的演化和化石形态的重大课题，它向寒武纪生命大爆发学说提出了挑战。

面对如此重大的课题，白天莹教授坚信自己的观察和研究不会错，首先要有严肃认真的科学态度和敢于冲破传统学术观点束缚的勇气。再者让所有的人都信服必须让石头"说话"，拿出科学准确充分的实验证据，证明雾迷山组的硅质燧石结核的动物化石属性。

2.4.2　通过一系列的实验研究证明燧石结核是动物的化石

化石的地质年代这一课题的关键问题得到了基本的解决，接下来的任务更加明确，对雾迷山组地层进行重点考察研究。白云岩上分布硅质燧石结核和燧石条带是鉴定雾迷山组地层的重要标志，地质大学教材和辽宁省区域地质志中对其论述是一致的。此前对燧石结核的成因研究主要有 3 种观点：(a) 主流观点的无机成因说认为燧石是因海底热液活动形成的。(b) 生物成因说认为燧石是由微体藻类聚合体形成的。(c) 机械成因说认为燧石是因风暴作用形成的。此前还没有人提出雾迷山组的燧石结核是动物化石的观点。因此必须设计严谨科学的实验证明燧石结核是元古代动物的化石。我们将从燧石的形态、显微结构、亚显微结构，物质组成、化学成分和元素的分布等层次获取图像和实验数据，并将研究的图像、实验数据与燧石的围岩、无机矿物、已知化石及现生生物的特征进行比较论证。采用生物地层、事件地层、层序地层和化学地层等综合地层学方法进行深入的研究。从地球内部演化和外界环境的突变进行分析，探讨早期生命起源演化的规律和化石的形成机理，力争在地质学和古生物学研究领域及破解寒武纪生命大爆发这一自然科学十大悬案之一等方面有所突破。

2.4.2.1　对雾迷山组地层进行重点考察

野外考察是课题研究的基石，我们采取 GPS 定位和手机照相相结合的方法（它们保存的文件名相同），确定两山具有典型地质构造特征的背斜坡、向斜坡（断层）18 条考察路线，对其进行了 30 多次的科学普查和标记，获得大量翔实的不同地质构造和化石分布与地层层序关系的第一手资料和精准记录，标记化石产地上千处，采集化石、岩石标本 300 多件。

2.4.2.2　显微结构研究的准备工作——制片和获取电镜扫描图像

因为燧石结核是石质立体的状态，如果它们是化石就一定具有保存生物体的组织结构特点，一定有细胞结构，并且一定具有生物体的物质成分组成特点。燧石的内部结构无法用肉眼辨别，必须借助显微镜观察。基于这几方面考量我们选择了 20 多种不同类型的燧石结核标本（切除暴露的风蚀面露出新断面），制成数十张磨片与地质大学提供的标准典型岩石磨片进行比较，获取显微结构图像 500 多张，电镜扫描图像 60 张。具体实验研究的方法、过程和结果如下：

2016 年 3 月 23 日我们在辽宁省地矿厅做了首批凤凰山含藻类植物岩石和麒麟山燧石标本磨片，因为制作磨片对化石是一种破坏，所以我们选择的材料基本是能表现其特征但并不太完整的标本。其中 1、5、6、7、8 号标本是疑似动物化石的燧石标本，2、3、4 是含藻类植物的岩石标本（图 2.20）。

对制作好的磨片目测就能看到一定的层次构造特点，这为我们的研究和判断增添了信心。如 1 号标本是半个化石，不规则的椭圆形，长 8~12 cm，高 5~8 cm，宽 4~6 cm。外侧是一层有生长线的黄褐色保护层（图 2.21 中的 A），化石内部硅化成深灰色实体，有明显的有规律的白色条纹。最外侧深灰色部分是由多层细胞构成的 2~3 mm 厚的实体组织（图 2.21 中的 B），实体组织内侧有一条最突出的白色环纹（图 2.21 中的 C）把它外侧的实体组织与内部实体组织分开。外侧的实体组织假设是它们的外套膜，白色的管状结构则是外套腔，里面的实体组织是它们柔软的身体，这些特点就与现生的软体动物特点基本相符。但是它与现生的软体动物不同，最显著的不同是它根本就没有贝壳。

图 2.20　首批含藻类植物岩石和疑似动物化石的燧石标本制作磨片前的图片记录

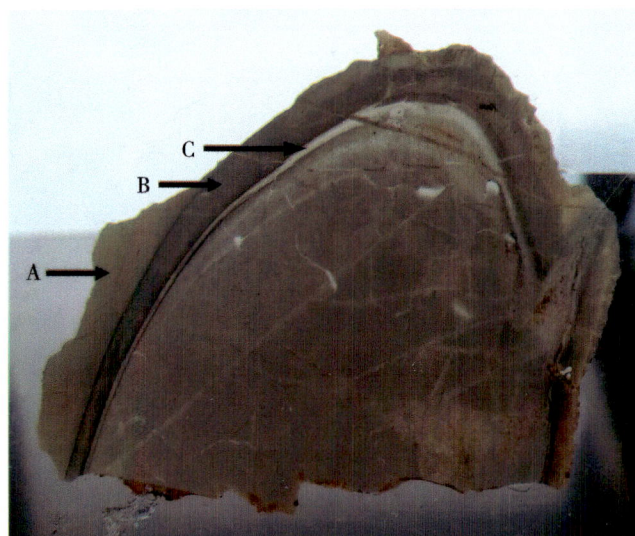

图 2.21　1 号标本的磨片

为深入研究燧石的亚显微结构，2016年3月25日我们又在东北大学新材料技术研究院对1号疑似元古代软体动物化石的燧石和2号含藻类植物的岩石标本进行了电镜扫描，它们将为我们研究动物和植物化石的亚显微结构提供参考信息。这是一次化石研究的大胆尝试，新材料技术研究院的老师也从未进行过这样的实验，标本需不需要抛光、标本放大多少倍观察结构更适合、结果会是怎样，我们一无所知，一切都是在探索中。我们先获取两种标本大量亚显微结构的图像资料以备研究所用。

2.4.2.3　显微结构研究发现燧石中的动物组织结构

2016年4—5月我们的课题进行到化石的显微结构比较研究阶段。

（1）首先发现的是标本的显微结构有明显的生物组织结构特点。对1号标本燧石磨片C处（图2.21）的亮白线在生物电子显微镜OLYMPUS CX31下放大40倍，通过观察是一个和外侧物质并行的管道。标本有明显的构造区域区分，具有生物组织结构特点（图2.22）。因磨片的材料质地是石质的，磨片厚度比正规的生物切片厚，不能再放大了影响了我们的进一步观察。

就在这时丁春江老师的一节公开课《矿物的鉴定》实验课，打开了我们的研究思路。实验原理利用透反射偏光显微镜观察矿物（图2.23）的磨片，根据矿物显微结构

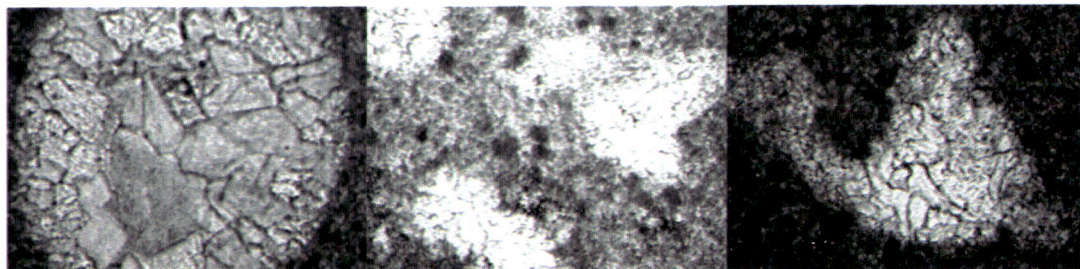

图2.22　1号标本放大40倍的显微结构，有规则的区域划分，显示出生物组织结构特点

图2.23　含长石、角闪石和白云母的矿物磨片显微图像

的形状、单偏光下颜色、正光性或负光性、正交偏光下干涉色、晶型、解理的方向、粒径等特点来鉴定矿物。鉴定矿物可以通过观察矿物磨片的方法进行，我们制作的标本磨片是石质的，更适合用矿物显微镜观察。用矿物显微镜观察化石磨片，可以找出化石与一般无机成因的岩石不同的特点。这不仅仅是打开研究思路的问题，同时研究的设备、研究的方法都得到了很大程度的提升，更体现了交叉学科合作研究的优势。

于是，白天莹教授和丁春江老师、张金良老师一起对首批磨片进行了认真的观察比对，并取得了突破性的进展。在透反射偏光显微镜 LWT300LPT 下观察，结果是：不仅能看到相同类型的标本有类似生物体的组织结构，也能看到不同类型的标本有相同的类似生物体的组织结构。

（2）**发现了疑似排泄管或血管的结构**。利用 10 倍的目镜和 5 倍的物镜，观察 1 号标本首先发现了有规律分支的管道系统（图 2.24、图 2.25），当图像放大 100 倍时（图 2.25）还能看到管道内的物质和管道末梢深入到组织中的情景。这是无机成因的矿物磨片所见不到的结构特点，初步判断它们应该是动物体的排泄管或血管。

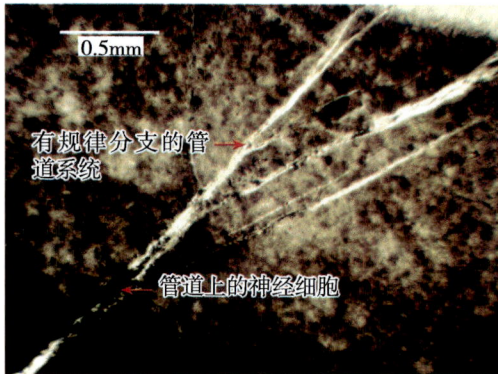

图 2.24　1 号标本可见有规律分支的管道系统和神经细胞

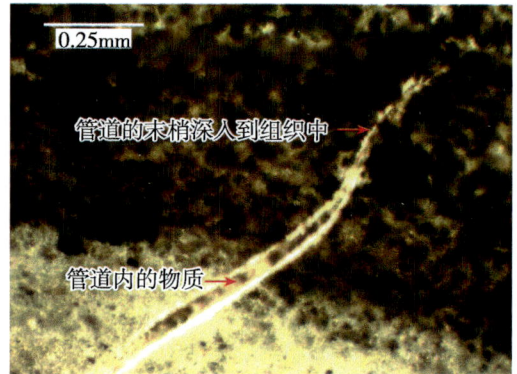

图 2.25　1 号标本放大 100 倍可见管道末梢及管道内物质

（3）**发现了神经组织、消化腔和消化腔的内容物**。当 1 号和 8 号标本放大 50 倍时（图 2.26）看到了相似的结构：不规则的空腔和类似现生生物神经胞体和神经突触形成的神经网络结构交织在一起。5 号标本不仅有空腔和神经结构，腔中还有与腔完全分离的物质，这些空腔比图 2.24 中的大而且不规则，说明它们不是一类管道系统。5 号标本的长空腔里面有一排颗粒状的物质，这一特点使其更加类似于动物的消化腔和消化腔的内容物等。7 号标本的图像中部较大的区域与周围物质物理光学特性完全不同：当转动透反射偏光显微镜的载物台改变光路时，它们的颜色会随着光路的改变而变化，这是矿物的属性，说明空腔里面有许多的矿物成分。周围的物质则不随光路的改变而变化，也就是说，光路的改变不能使其颜色发生变化，它们不具备矿物的属性，可以推断出它们是生物的组织。因此可以进一步推断这些结构物是动物消化腔和消化腔的内容物。

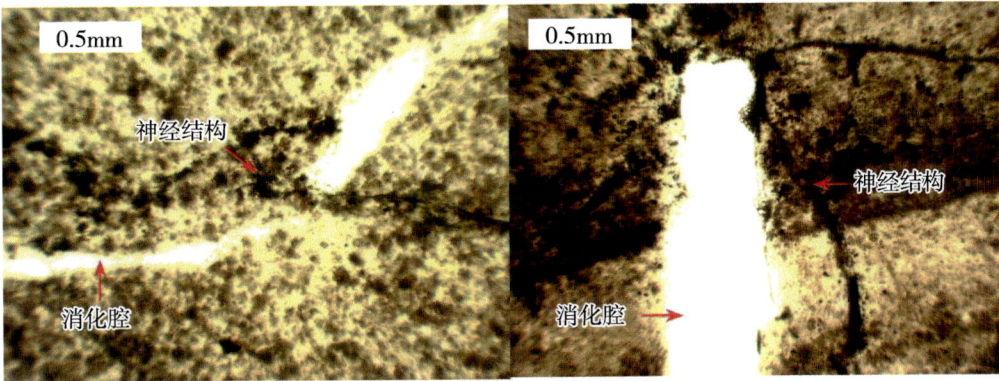

1号和8号标本具有相似的结构如消化腔和神经结构

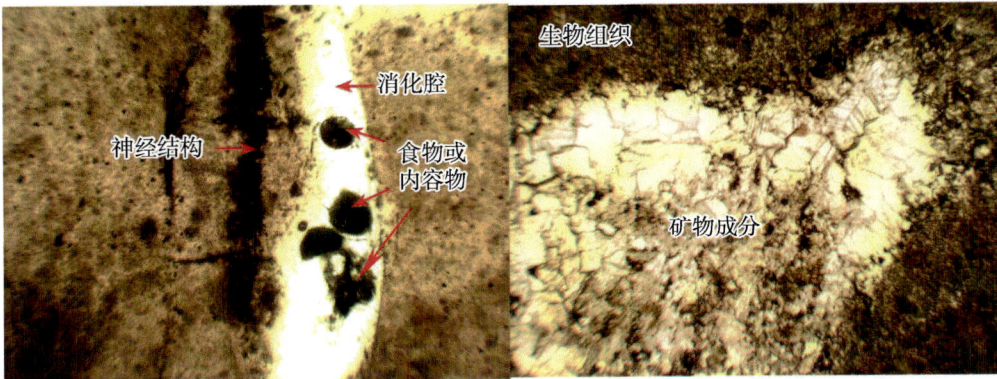

5号标本的消化腔及其内容物和神经结构　　7号标本亮区域与周围物质明显不同

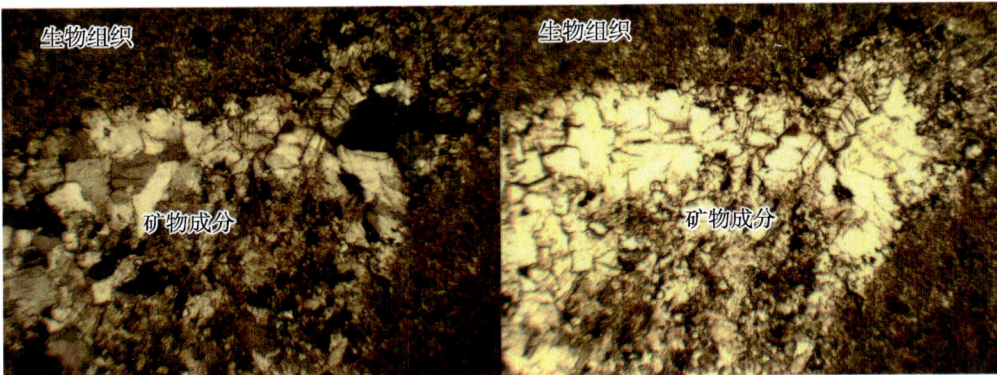

当转动载物台改变光路时，7号标本发亮区域颜色有明显变化，说明它们是矿物成分。

图2.26　1、8、5和7号标本显微结构中类似消化腔及腔中物质和神经结构的图像

2.4.2.4　用比较分析方法深入研究，进一步证明燧石是动物化石

燧石中发现的类似生物体的结构是燧石特有的吗？它们是不是无机矿物的结构呢？它们的结构与现生动物的组织结构有怎样的关系，在已知化石中能不能找到相同的结构呢？

（1）用矿物鉴定法排除了它们是矿物的可能。在看到这些标本磨片具有生物体结

构特点的基础上，进一步用透反射偏光显微镜把燧石磨片与丁春江老师在地质大学时做的 20 多种典型矿石磨片进行比较观察和研究，改变光路发现燧石磨片根本不具备矿石（图 2.23）成分的变色、晶形、解离纹、糙面和干涉等属性，证明它们不是矿物。

（2）**与现生生物的神经组织和肌肉组织比较其形态相似**。为证明我们实验观察的结论是正确的，接下来又设计了燧石磨片图像与现生生物神经组织和肌肉组织显微结构比较实验，为了利于实验结果的分析研究，我们都选择了利用透反射偏光显微镜进行观察（图 2.27）。神经组织是由神经胞体和神经纤维组成的网络结构，化石磨片的图像与现生生物的神经组织结构相似。现生生物的平滑肌细胞为棱形结构，化石磨片图像中也发现了棱形细胞结构。

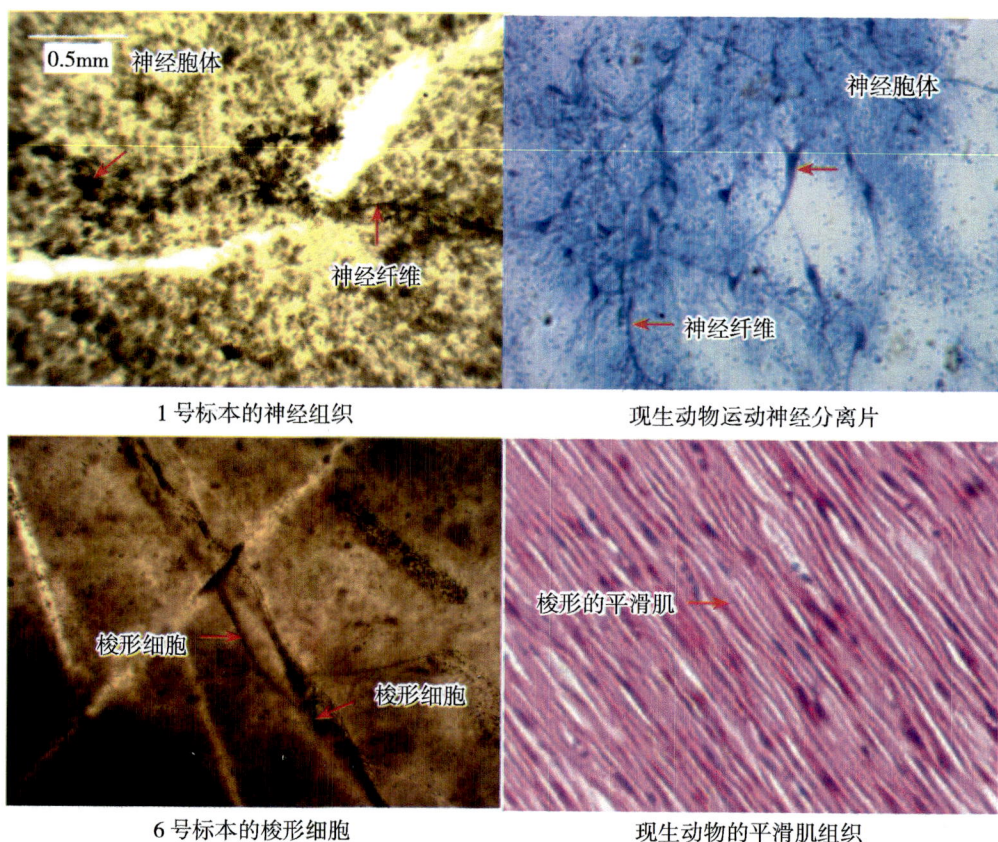

1 号标本的神经组织	现生动物运动神经分离片
6 号标本的棱形细胞	现生动物的平滑肌组织

图 2.27　燧石中的生物结构与现生动物组织结构相似

（3）**与已知环节动物化石涂片组织结构相似**。环节动物是动物界的 1 个门，常见的种类有蚯蚓、蚂蟥（又称水蛭）、沙蚕等。从环节动物开始，动物的进化历程已经发展到高等无脊椎动物。这是一块 4 亿多年前大型环节动物不完整化石（图 2.28）只有 4 个体节，背腹总高 25.3 cm，身体腹部圆筒状高度 16 cm，宽度 7 cm，每个体节腹部有 6 个疣足。这个化石最大的特点是立体实质的，这一点和我们研究的燧石相同，不同的是该化石的内部组织像石膏并没有硅化。经 CT 扫描，化石的体

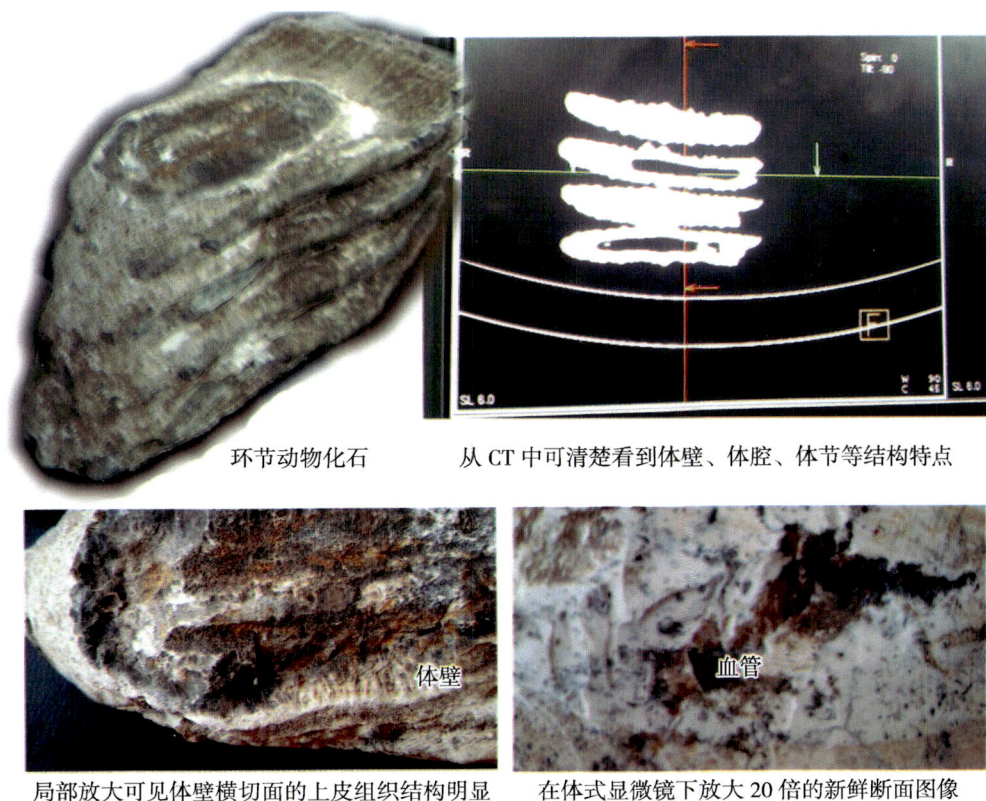

环节动物化石　　　　　　从 CT 中可清楚看到体壁、体腔、体节等结构特点

局部放大可见体壁横切面的上皮组织结构明显　　在体式显微镜下放大 20 倍的新鲜断面图像

图 2.28　几亿年前环节动物的化石、化石的 CT 扫描及显微结构中的上皮组织和血管

壁、体节和体腔等结构清晰可见。身体横切面的新鲜断面局部放大生物体组织、器官的纹理清晰可见，尤其是体壁上皮组织的细胞整齐紧密。在体式显微镜下放大 20 倍能看到血管结构。在腹神经的区域取材制作成涂片，利用透反射偏光显微镜 LWT300LPT 放大 50 倍观察确实发现了神经组织结构，神经细胞的胞体和树突清晰可见，周边组织的细胞结构非常明显（图 2.29）。

5 号和 6 号标本外层较厚的壁上有几排较大的细胞与已知环节动物化石的细胞形态结构相同，内部组织的细胞也清晰可见，但比外层细胞小，尤其是 5 号标本内部组织细胞有的排列成排，立体效果非常明显。

4 亿多年前的无脊椎动物没有像鱼、蛙、龟、鸟一样的脊椎骨——内骨骼，也没有像昆虫、虾、蜘蛛一样的外骨骼，整个身体比较柔软，但由于地质灾难的作用形成了立体的实质化石，并且保存了机体的组织结构和细胞结构。那么 14 亿年前的无脊椎动物柔软的身体也能形成化石，只不过它们在海洋中的时间太久远了，由于十几亿年漫长的地质作用化石中的碳基本都与海洋中的硅发生了交代作用而石化。但是它们的基本结构并没有发生变化，因此才能看到神经组织、细胞结构、消化腔、消化管和肌肉组织等。

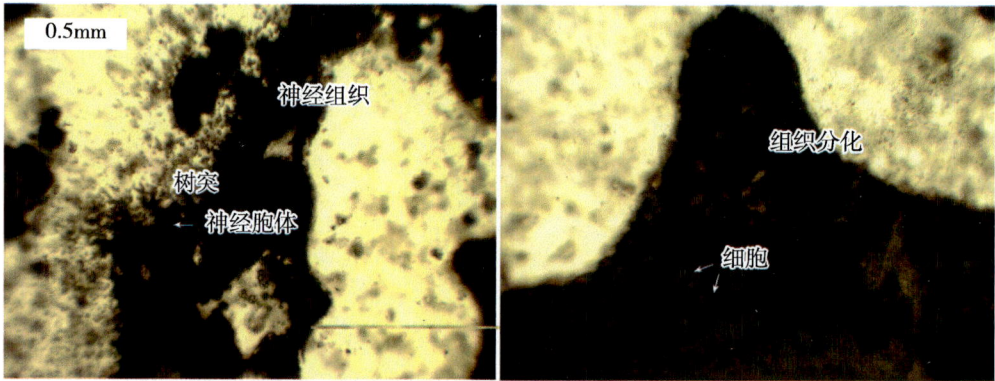

已知几亿年前环节动物化石的神经组织、体内组织的分化和组织中的细胞结构

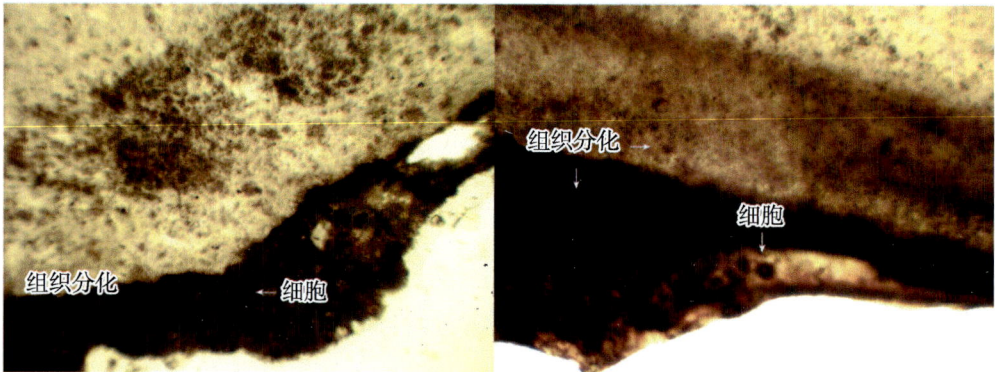

5 号标本显示的组织分化和细胞结构   6 号标本显示的组织分化和细胞结构

图 2.29　与已知环节动物化石中的神经组织、组织分化、细胞结构比较图

通过比较研究，进一步证明燧石结核是元古代动物形成的化石。

2.4.2.5　电镜扫描看到了细胞核的核膜、线粒体和内质网等亚显微结构

要想将化石的亚显微结构与动物细胞的亚显微结构进行比较，首先我们了解一下动物细胞的亚显微结构（图 2.30）。现生动物的细胞（英文 cell）是生物体最基本的结构和功能单位。已知除病毒之外的所有生物均由细胞组成，细胞直径在 10~100 μm 的范围（多数为 20~30 μm），没有细胞壁（cell wall）。细胞膜（cell membrane）

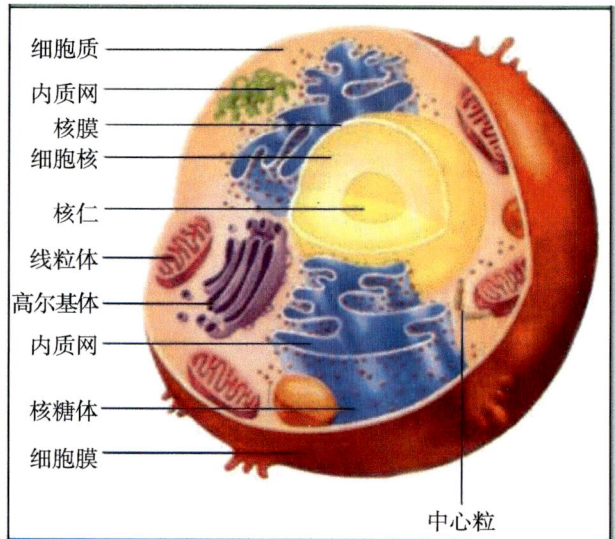

图 2.30　动物细胞的亚显微结构

是细胞表面的一层薄膜，是防止细胞外物质自由进入细胞的屏障，它保证了细胞内环境的相对稳定，使各种生化反应能够有序运行，同时是细胞与周围环境发生信息、物质与能量交换的场所。细胞膜的化学组成基本相同，主要由脂类、蛋白质和糖类组成，脂类和蛋白质含量分别约为 50%、40%，糖类含量为 2%~10%。其中，脂质的主要成分为磷脂和胆固醇。此外，细胞膜中还含有少量水分、无机盐与金属离子等。细胞膜的厚度不同，细胞器的膜厚 5 ~ 10 nm，通常为 7 ~ 8 nm。细胞核（nucleus）是存在于真核细胞中的重要结构，是遗传物质（DNA）的主要存在部位，是细胞的控制中心，在细胞的代谢、生长、分化中起着重要作用。细胞核是双层膜，其上有核膜孔，直径小的为 1 μm，大的为 500 ~ 600 μm，多数为 5 ~ 30 μm。线粒体（mitochondrion）是一种存在于大多数细胞中的由两层膜包被的细胞器，是细胞制造能量的结构，棒状，大小差别较大，外膜光滑，内膜向内形成嵴，是细胞进行有氧呼吸的场所，不同组织细胞内的线粒体数量和大小不同，直径在 0.5 ~ 10 μm。内质网（Endoplasmic reticulum）是真核细胞重要的细胞器，它是由封闭膜系统以及互相沟通的膜腔而形成的网状结构，内质网膜是与细胞膜结构类似的单位膜，内质网联系了细胞核和细胞质、细胞膜这几大细胞结构，使细胞成为通过膜连接的整体。

1 号是疑似没有贝壳的软体动物化石的燧石和 2 号含藻类植物的碳酸盐岩石取新断面制作成面积 2 cm² 厚 0.5 cm 的标本，不进行抛光处理直接镀金使其具有导电性，然后抽真空后观察采集 2 组图像。

1 号标本图像之一（图 2.31）。因为软体动物是比较高等的无脊椎动物，动物体内组织器官分化明显，所以不同组织的细胞形态大小是不同的，化石磨片的光学显微结构已证明了这一点，加上我们取材是动物化石标本随机的横切面，在这个切面上暴露的细胞截面就更加随机了（有的可以是细胞的横切面、有的可能是细胞的纵切面、有的也许只是一个斜角或刚好切到细胞膜外而无法看到内部结构），而且动物细胞没有细胞壁且形状并不规则，因此要找到许多相同的细胞就比较难了。在这种情况下我们发现了一个长 80.6 μm，宽 35 μm 的椭圆形细胞，细胞膜厚 1.14 μm 清晰可见。它的上方有一排排列整齐的长约 40 μm，宽约 22 μm 的柱状细胞。在椭圆形细胞的下方细胞内发现了内质网结构，细胞核的截面直径 24 μm，同一细胞中的线粒体长 30 μm，直径 8.8 μm，外膜光滑，内膜向内形成的嵴特征明显。图像下方一个大细胞中的半个细胞核侧切非常清晰，从截面看直径 24 μm，双层核膜厚度 6.6 μm。通过化石中细胞亚显微结构与现生真核生物细胞亚显微结构的比较，可以发现二者在细胞的大小、细胞核的大小，内质网的形态、结构和线粒体形态、结构、直径的大小上都非常相近。对细胞核和线粒体等重要细胞结构的发现证明了形成化石的生物是能进行有氧呼吸的多细胞真核生物。

电镜的图像研究结果从细胞水平证明燧石结核是动物的化石。

2.4.2.6　化学地层学分析充分证明燧石的化石属性

尽管我们已经做了大量的比较研究实验，从不同的角度证明燧石是动物化石，

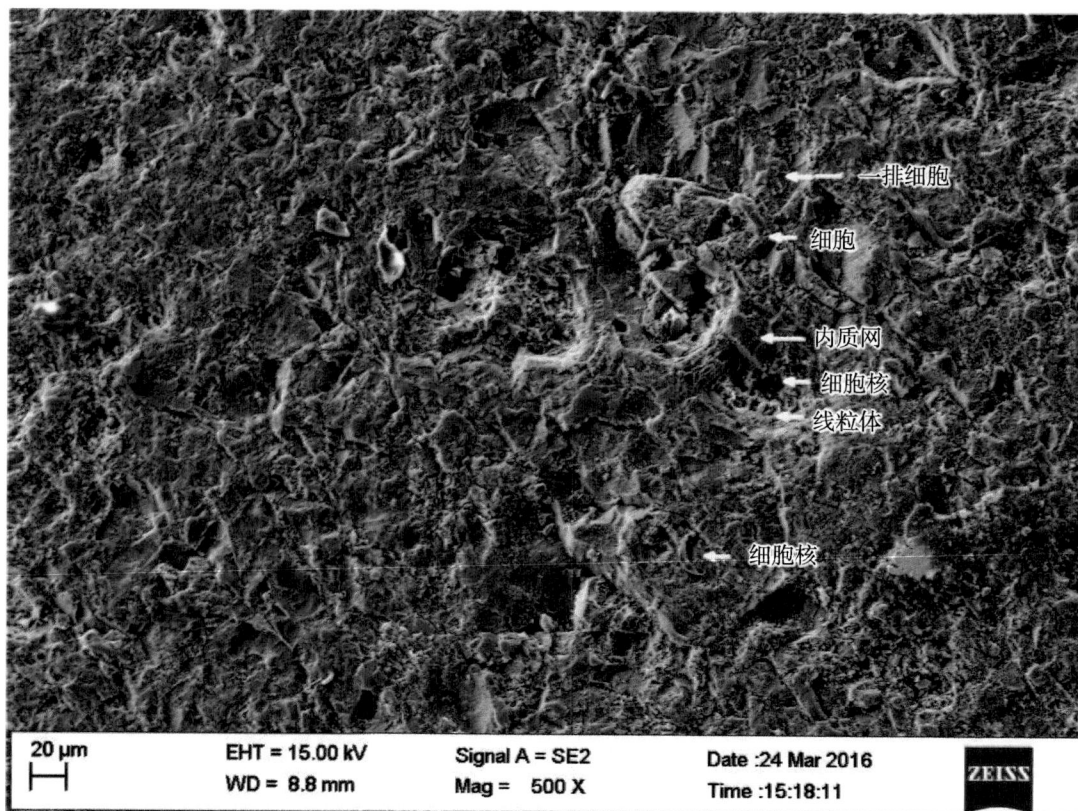

一排细胞
细胞
内质网
细胞核
线粒体
细胞核

20 μm
EHT = 15.00 kV
WD = 8.8 mm
Signal A = SE2
Mag = 500 X
Date :24 Mar 2016
Time :15:18:11
ZEISS

图 2.31　1 号标本电镜下放大 500 倍的扫描图像

但是许多古生物学家会提出质疑说这些化石都是由地质作用形成的与生物没有关系，是由地质作用形成的假化石。为此我们进行了生物地层学和化学地层学分析研究。辽西地区中上元古界地层发育，其层序与命名系统与蓟县标准剖面相同。自下而上分中元古界长城系、蓟县系和上元古界青白口系。辽宁省地质志中记载最早出现燧石结核及条带的是长城系中段团山子组；其上的大红峪组含长石和石英砂岩；上部高于庄组是含燧石条带及燧石结核的含锰白云岩。蓟县系杨庄组含燧石条带和燧石结核及角砾状白云岩；雾迷山组含燧石条带和燧石结核灰白色泥晶白云岩；洪水庄组含黄铁矿结核；铁岭组灰白灰黑色含燧石结核及条带白云岩和含锰灰质白云岩和含锰白云质灰岩。朝阳市区整个麒麟山脉和凤凰山最南端恰好都有雾迷山组和铁岭组的地质构造。海相的地质构造泥晶白云岩与燧石结核及条带完全属于由不同的沉积机理形成的，而不同地质年代的燧石结核中基本相同的成分都是石英和玉髓。在查阅资料的基础上课题组在化学地层学研究方面做了 3 大验证实验。(a) 张金良老师用 X 射线衍射（XRD）对 22 个不同层位的燧石和围岩进行了成分分析，对岩石的层位做出比较准确的定位。(b) 请国土资源部沈阳矿产资源监督检测中心做精确和权威的检测，这不仅提高了课题检测实验的精准程度，而且还能与我们自己做的实验数据进行对比分析。选送的材料是雾迷山组的燧石和围岩、铁岭组的燧石和围岩，还有 4 个为确定岩石地质年代地层层位的岩石。(c) 白天莹教授、张金良、韩旭和岳增川老师在朝阳立塬新能源有限公司利用电镜扫描对燧石进行 SEM 和 EDS 分析，进一步检测燧石的结构和燧石中与生物成分密切相关的几种元素的分布情况。所有的实验数据都支持燧石是动物化石的结论。

（1）权威检测机构的检测从化学成分层面说明燧石是化石

送样：2016 年 12 月 1 日白天莹、刘守华和王秀芹根据朝阳市地质图的地质年代划分，结合野外实际地质构造的特点和地层层序的关系，选择 6 块典型样品进行 8 个岩石成分检测和 2 个岩矿鉴定。1 号样品选择的是铁岭组燧石和围岩。2 号样品选择的是雾迷山组燧石和围岩。3 号样品选择的是凤凰山南端山体中下部采集到的扁形动物化石凤凰扁虫的围岩，该层位已有燧石结核分布，属于中元古代地质构造，从岩石的颜色看里面可能含微观的藻类植物。4 号样品选自凤凰山北小塔子岭中部岩石，通过地质图比对可知该处属于太古代的地层。5 号样品选自朝阳市麒麟山北端山脚下，是整个麒麟山岩层最低层位的岩石，此处岩层中根本没有燧石结核分布，地质年代一定比 3 号样品处的地质年代久远很多。6 号样品选自朝阳市凤凰山核心区域十八盘处中部含宏观藻类植物化石的岩石，此处的地质年代要比 4 号样品处的地质年代新。送样前做好样品列表记录（表 2.2）送国土资源部沈阳矿产资源监督检测中心进行检测。同时，对 5 号样品和 6 号样品进行岩矿鉴定。

表 2.2 朝阳市凤凰山和麒麟山不同层位的 6 个样品 8 个成分检测前的记录

样品号	采集地点或层位	检测号	检测前描述
1 号样选自：铁岭组（Jxt）		1	1A 燧石结核
		2	1B 燧石结核周围的围岩
2 号样选自：雾迷山组（Jxw）		3	2A 燧石结核
		4	2B 燧石结核周围的围岩
3 号样	朝阳凤凰元古扁虫围岩	5	白云岩含微古生物
4 号样	朝阳凤凰山北小塔子岭标本	6	岩石
5 号样	朝阳市嘎岔村麒麟山最低层位	7	岩石
6 号样	凤凰山十八盘中部（4 号磨片）	8	岩石含藻类植物化石

为了确保检测结果不受任何因素的干扰，在送检测样品时我们根本没有提供样品的采集地点、地质层位等信息，样品统一去掉风蚀面，采集新鲜断面的物质进行取材、样品的处理过程，检测方法和检测仪器完全相同。获得的岩石成分检测报告如下（表 2.3）：

表 2.3 国土资源部沈阳矿产资源监督检测中心的检测结果

分析号	样品编号	SiO_2 /10^{-2}	Fe_2O_3 /10^{-2}	TiO_2 /10^{-2}	MnO /10^{-2}	CaO /10^{-2}	MgO /10^{-2}	K_2O /10^{-2}	Al_2O_3 /10^{-2}
1 燧石	1A	90.44	0.21	0.071	0.025	2.83	1.51	0.11	0.77
2 围岩	1B	59.86	0.13	0.037	0.030	12.47	8.62	0.060	0.60
3 燧石	2A	90.14	0.16	0.093	0.022	3.05	1.26	0.090	0.87
4 围岩	2B	13.60	0.26	0.10	0.027	29.82	13.82	0.14	0.99
5	3	18.16	0.58	0.28	0.021	36.37	3.81	3.08	5.00
6	4	5.13	0.17	0.058	0.076	30.24	17.63	0.20	0.63
7	5	5.38	0.020	0.053	0.015	50.25	2.20	0.060	0.65
8	6	11.38	0.20	0.12	0.027	45.69	1.42	1.33	2.77

分析号	样品编号	Na_2O /10^{-2}	P_2O_5 /10^{-2}	LOS /10^{-2}	FeO /10^{-2}	C /10^{-2}	N /10^{-6}	S /10^{-6}
1 燧石	1A	0.17	0.014	3.37	0.39	0.85	244	158
2 围岩	1B	0.073	0.0090	18.26	0.29	4.66	129	95.0
3 燧石	2A	0.15	0.014	3.29	0.61	0.96	219	105
4 围岩	2B	0.15	0.022	39.91	0.55	10.43	334	84.0
5	3	0.051	0.033	31.90	0.93	10.10	154	179
6	4	0.060	0.0090	44.70	0.52	11.07	244	105
7	5	0.058	0.010	41.50	0.35	11.33	219	84.0
8	6	0.067	0.029	36.74	0.63	7.86	264	169

数据结果分析： 这 8 个分析号数据将用于不同目的的分析，1A、1B、2A、2B 是铁岭组和雾迷山组两个不同地质年代的燧石和它们的围岩的成分比较，3~6 号是不同地质年代岩石成分比较。

①铁岭组和雾迷山组燧石结核及其围岩成分分析。

采自中元古代蓟县系铁岭组和雾迷山组的两块带围岩的燧石，虽然从地质年代上相差 3 亿至 4 亿年，但是它们燧石结核的成分非常相似，而与它们分别融为一体的围岩成分却完全不同。这表明燧石和它们的围岩是完全不同的两种沉积系统。燧石和围岩差别很大的成分是 SiO_2、CaO、MgO、C、N、S。其中两个燧石的 SiO_2 含量分别是 90.44% 和 90.14%，围岩只有 59.86% 和 13.60%。原始海洋热液中含有大量 Si，14 号元素 Si 与 6 号元素 C 的外层电子数都是 4 个，它们的化学性质非常相似都能表现出 0 价、+2 价、+4 价、-4 价等化合价，在海洋中，酸性条件下硅能自然沉积成单质，当大量生物体死亡后 Si 很容易与体内的 C 发生交代反应，而加速死亡动物形成硅化化石的速度和硅化程度，这与形成硅化木的原理相同。

CaO 的含量：燧石中分别是 2.83% 和 3.05%，而围岩含 12.47% 和 29.82%。

MgO 的含量：燧石分别是 1.51% 和 1.26%，而围岩含 8.62% 和 13.52%。Ca 和 Mg 是生物体的重要组成成分，围岩中的含量是燧石中的数倍说明形成燧石的初始物是一个 Ca 和 Mg 含量相对稳定，而不能通过简单的渗透作用而进入的系统。

C 的含量：燧石中分别是 0.85% 和 0.96%，而围岩中是 4.66% 和 10.43%。因为燧石中的绝大部分 C 已经被 Si 交代，因而比围岩含量少。

N 的含量：燧石中分别是 0.0244% 和 0.0219%，而围岩中是 0.0129% 和 0.0334%。S 的含量：燧石中是 0.0158% 和 0.0105%，而围岩中的含量是 0.0095% 和 0.0084%。N 和 S 含量虽然很少，却是生命体组成蛋白质的重要成分，N 和 S 的含量同时表现出两个燧石含量相近，而与围岩差别很大。其中 1 号燧石 N 的含量约是围岩的 1.9 倍，而 N 不能由高浓度向低浓度简单地渗出围岩，2 号燧石围岩 N 含量约是燧石的 1.5 倍，但围岩中的 N 也不能由高浓度向低浓度简单地渗入燧石中。S 的含量 1 号燧石中比围岩高出 1.66 倍，2 号燧石的比围岩高出 1.25 倍，而 S 也没有简单地渗透出围岩。

P_2O_5 的含量：燧石中数据惊人的相同，都是 0.014%，而围岩的含量是 0.009% 和 0.022%。P 是组成生物体基本单位细胞的重要成分，细胞内的膜系统就是由磷质双分子层和蛋白质组成的。同时磷也是生物体遗传物质脱氧核糖核酸的重要成分之一，任何一种生物的遗传物质脱氧核糖核酸或核糖核酸都是它们体内含量最稳定的物质。P 含量惊人的相同更进一步说明形成燧石的初始物是具有高度控制物质进出能力的沉积系统。

LOS 是 lost of ignition（烧失量）的简写，表明在矿物质化验、测量时损失的或测不到的物质所占比例。燧石的 LOS 分别是 3.27% 和 3.29%，而围岩的是 18.26% 和 39.91%，说明燧石中碳酸盐的成分相对少，被酸腐蚀掉的物质少；围岩是碳酸盐岩，酸蚀度较高。

燧石和围岩中区分不大的成分是 Fe_2O_3、TiO_2、MnO、K_2O、Al_2O_3、Na_2O、FeO，它们没有明显特征，但是 Fe、Mn、K、Na、Ti、Al 等都是生物体维持内环境稳定的重要成分。如 Fe 是血液中血红蛋白的核心元素，与呼吸作用中氧的运输密切相关。而生物体内 K 的含量非常重要，K 在细胞内外的浓度差正是细胞主动运输的动力所在。1 号燧石和 2 号燧石 K_2O 的含量分别是 0.11% 和 0.09% 也比较接近，而 1 号燧石的含量 0.11% 比围岩 0.06% 高出了 0.8 倍，2 号燧石围岩 K_2O 的含量 0.14% 比燧石 0.09% 多了 0.56 倍，K 和 N 表现出了同样的特点：1 号燧石中的 K 没有根据浓度差简单渗出，而 2 号燧石中的 K 也不能根据浓度差而简单渗入。能够控制物质出入，有选择性地吸收、主动运输的只能是生物体。

燧石成分分析的结论：通过对 2 个燧石和它们围岩化学成分的分析得出结论：燧石中含有生命体必需的各种主要成分，燧石中微量元素的成分含量与现生生物体中某些软体动物体内的含量比值比较接近，燧石中 N、P、K、S、Na、Ca、Mg 等关键元素的含量不完全受环境因素的影响，说明燧石具有控制物质出入、主动运输的功能。只有在生物体内 N、P、K、S、Na、Ca、Mg 等关键元素的量是相对恒定的，因而从化学成分水平说明燧石是由生物体形成的化石。

②4种岩石的成分比较。

3号样品采自朝阳凤凰山元古代扁虫围岩，位于雾迷山组的下部，颜色深灰色。经 XRD 检测号（1号样品）得到的结论是石灰石、白云石、石英。因其微体古生物 SiO_2 含量达 18.16%，Fe_2O_3 含量为 0.58%，FeO 含量为 0.93%，K_2O 含量为 3.08%，Al_2O_3 含量为 5%、P_2O_5 含量为 0.033%，3号样品中 Fe、K、Al、P 的含量在所有样品中都是最高的。

4号样品采自朝阳市凤凰山北小塔子岭岩石，层位接近太古代，颜色深灰色，经 XRD 检测（4号样品）。SiO_2 含量达 5.13%，说明微古生物的含量很少。其 MnO 达 0.076% 和 MgO 达 17.63% 的含量在所有岩石中最高，P_2O_5 含量仅为 0.009%，含量最少。同样说明微体古生物量少，这是含 Mg 的碳酸盐岩，年代较久远。

5号样品采自朝阳市嘎岔村麒麟山最低层位的岩石，深灰色，经 XRD 检测号（6号样品），SiO_2 含量达 5.38%，说明微体古生物的含量很少。Fe_2O_3 含量为 0.02%，FeO 含量为 0.35%，Fe 的含量最少，K_2O 含量为 0.06% 较少，S 的含量为 0.0084% 也很少。CaO 含量达 50.25% 最高。国土资源部沈阳矿产资源监督检测中心的检测结果为该样品主要由方解石（65%）、白云石（30%）、石英（5%）组成，鉴定其为"含石英白云质微晶灰岩"，年代早于3号样品而晚于4号样品。

6号样品采自凤凰山含藻类植物（4号磨片）的岩石，灰褐色，块状构造，经 XRD 检测（7号样品）。SiO_2 含量达 11.38%，岩石含藻类植物。Fe_2O_3 含量为 0.2%，FeO 含量为 0.63%，Fe 含量适中。K_2O 含量为 1.33%，Al_2O_3 含量为 2.77%，K 和 Al 含量较高。C、N、S 的含量相对都较高。国土资源部沈阳矿产资源监督检测中心的检测结果为其斑晶主要由斜长石（8%）组成。基质由斜长石及暗色矿物组成，具半自形粒状结构，具强烈黏土化，含量为 92%。岩石名称"蚀变闪长玢岩"。从矿产资源监督检测中心的检测报告看，矿产检测首先看它有什么形态特征，是由什么矿物组成的，并不关心这种矿物是因生物因素形成的还是无机因素形成的。这几种岩石的成分检测与朝阳地质志标注的地质年代相符。

(2) 电镜扫描燧石的 SEM 和 EDS 分析从元素分布角度说明燧石是化石。

*SEM 分析：*2016 年 12 月白天莹教授、张金良、韩旭、岳增川老师在朝阳立塬新能源有限公司采用电镜扫描技术对采自麒麟山标号为 Q2 号的燧石进行 SEM 和 EDS 分析。这次对样品进行了同样的处理，首先切割掉风蚀面，暴露出新鲜断面。与到东北大学做电镜扫描不同的有两点，一是对样品进行了抛光处理，二是为增加导电性外镀的是铂。由于抛光破坏了样品的表面结构，电镜扫描 SEM 图像的结构不如在东北大学做的电镜扫描图像观察得明显。但在放大 1000 倍的图像中也找到了直径大于 20 μm 的细胞，其含有一个直径约 10 μm 不太完整的细胞核（图 2.32）。放大 5000 倍能看到许多游离或附着的核糖体（图 2.33）。核糖体在细胞中数量最多，由大、小两个亚基组成，直径约 0.2 μm，是细胞中合成蛋白质的细胞器。细胞核和

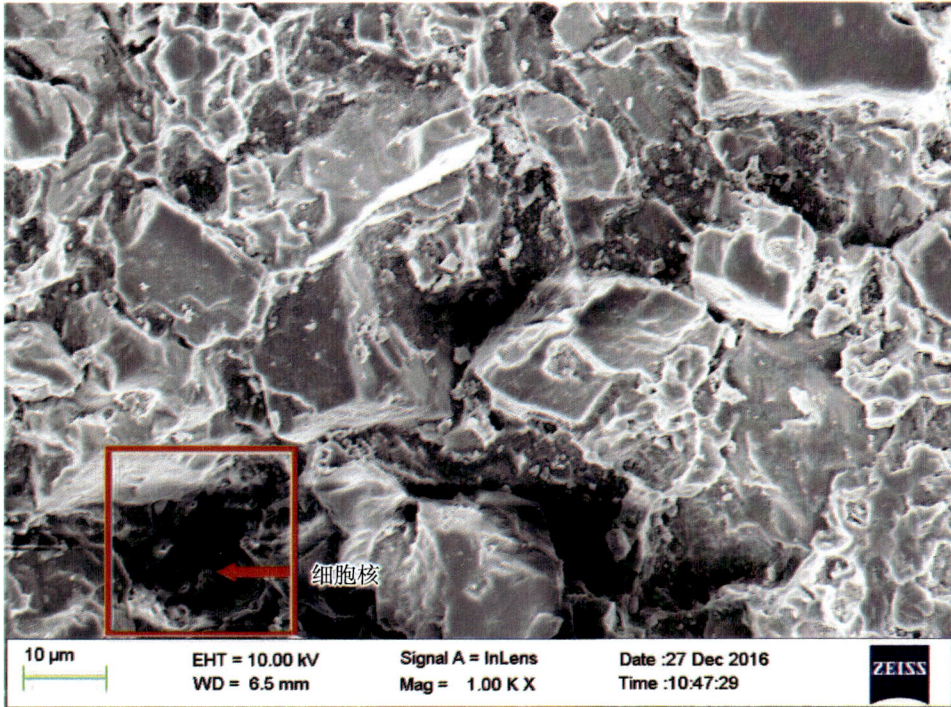

图 2.32　麒麟山 Q2 燧石放大 1000 倍时看到的细胞和细胞核结构

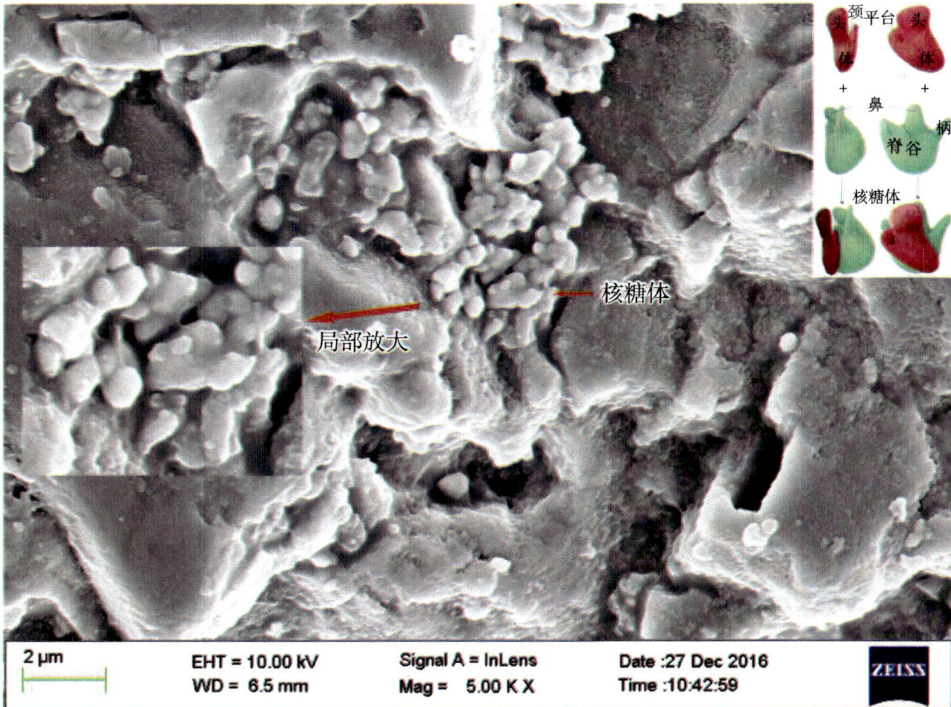

图 2.33　麒麟山 Q2 燧石放大 5000 倍时能看到细胞中的核糖体

核糖体的大小、形态都与现生生物细胞中细胞核和核糖体（图 2.33 右上角图）的大小、形状相符。

EDS 分析：EDS 的数据和图像因放大位数、选择区域、区域的大小有很大差别，凤凰山铁岭组标号 1A 和雾迷山组标号 2A 的燧石硅化程度非常高，Si 含量达 90% 以上。而麒麟山标号 Q2 的燧石从表面看硅化程度也很高，但 EDS 分析的结果是 Si 的含量最高点只达 34.1%，有的部位竟测不到 Si 的含量。另外 P 是生物体必需的元素，是组成细胞膜的磷脂双分子层和遗传物质脱氧核糖核酸的重要组成元素。我们重点测定了 P 这种生物重要成分的含量，奇怪的是在曲线图谱中有表现，但最终的检测结果却为 0（图 2.34）。反复查找原因与国土资源部沈阳矿产资源监督检测

Application Note BRUKER

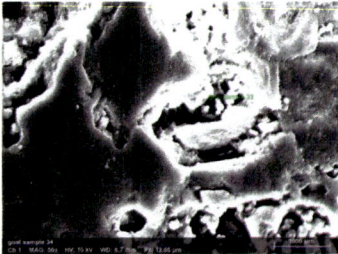

名称	日期	时间	HV [kV]	放大倍数	WD [mm]
goal sample 34	12/27/2016	10:37:22 AM	10.0 keV	5.00 kx	6.7 mm

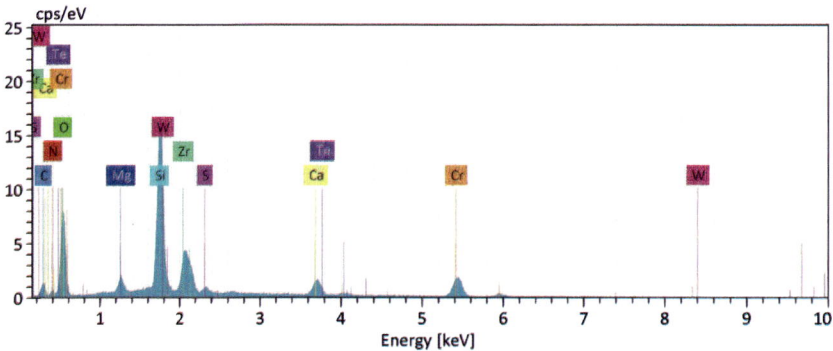

名称	日期	时间	HV [kV]	Real time [s]	Dead time [%]	Pulses [kcps]
goal sample 33	12/27/2016	10:40:45 AM	10.0	44.821	3	5.764

Spectrum	C	N	O	Mg	Si	S	Ca	Cr	Zr	Te	W
goal sample 33	4.3	1.9	15.2	2.1	22.1	0.7	4.1	19.0	15.5	2.9	12.2

名称 日期
名称 12/27/2016
Q2-5000-P-2

12/27/2016 7. 页

图 2.34 麒麟山 Q2 燧石放大 5000 倍时图中所标区域的 EDS 分析结果

中心的检测结果对比发现 P 的含量很低，百分比小数点后 2、3 位才有数值，而在立塬新能源有限公司做的 EDS 分析数值百分比小数点后仅保留了 1 位，因此在检测结果中没有 P 含量的数据。

同时选取了 Mg、Ca、Si、P、S、Al 6 种元素做了元素分布的 EDS 图谱结果（如图 2.35）。

图 2.35 中有一自左上向右下的管状结构或空隙，Mg、Ca、P、S、Al 这些元素基本没有在这个空隙分布，空隙外各种元素分布很匀；Si 则填满了这个空隙，空隙

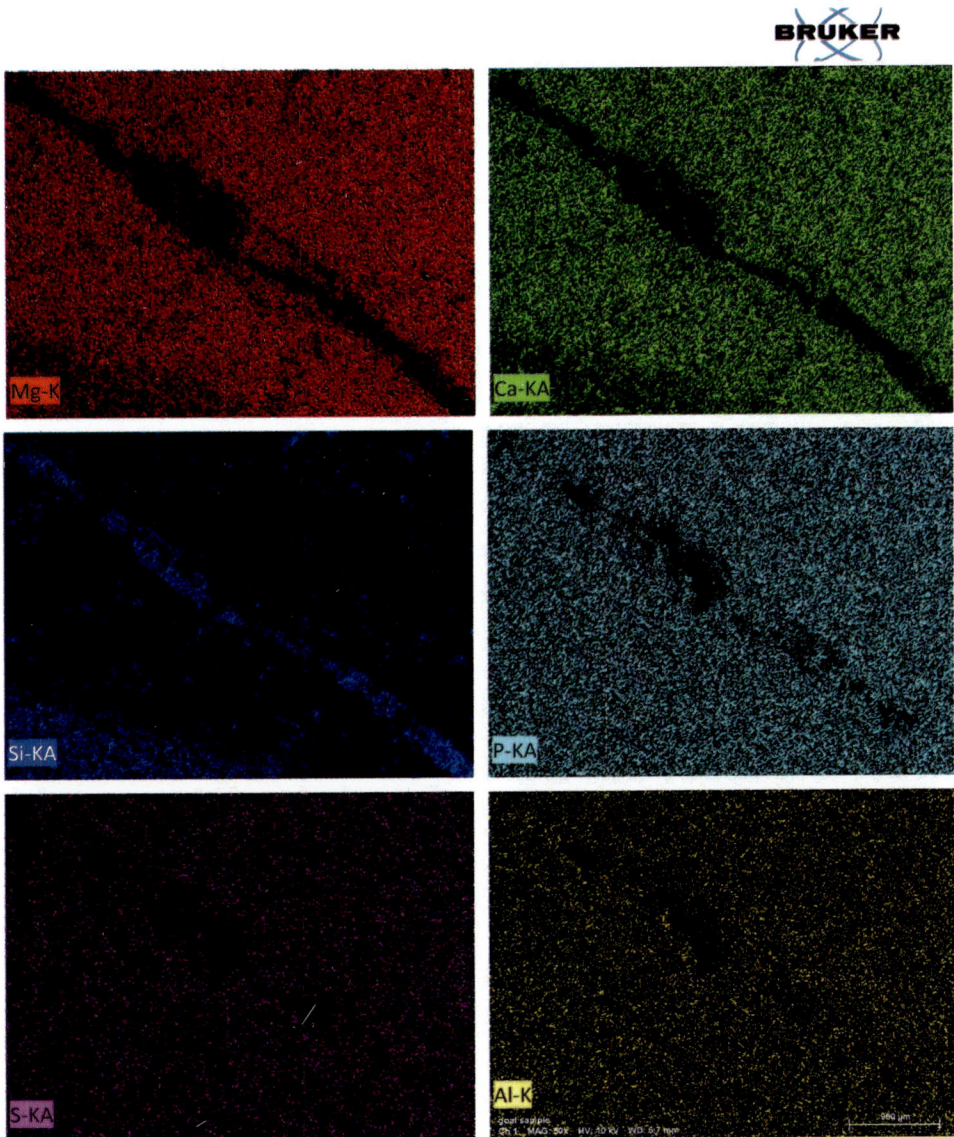

图 2.35　Q2 号标本 Mg、Ca、Si、P、S、Al 6 种元素分布的 EDS 图谱

外分布极不均匀，这就是有的检测结果中没有 Si 的原因，这充分说明 Si 是外来的填充物质，在还没有填充完全时这种填充和交代作用没能继续进行。而 P、S 等生命必需的元素原本就是燧石内部的物质，不管它们含量多么少，但是它们在一定范围内分布得很匀称，体现了生命体具有严整结构的特点。如 P 在细胞膜上的分

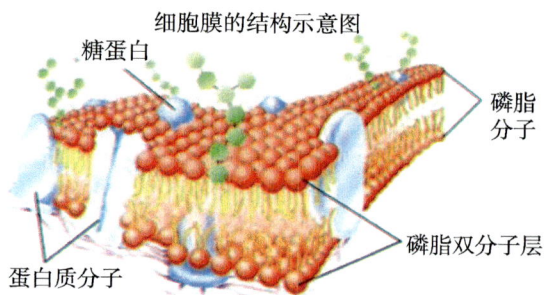

图 2.36　细胞膜的结构示意图

布（图 2.36），在电子显微镜下，用四氧化锇固定的细胞膜具有明显的"暗—明—暗"3 条平行的带，其内、外两层暗带由蛋白质分子组成，中间一层明带由双层脂类分子组成，三者的厚度分别约为 2.5 nm、3.5 nm 和 2.5 nm，这样的膜称为单位膜（unit membrane）。

电镜扫描 SEM 和 EDS 分析结论：利用 1 号标本在东北大学做电镜扫描，我们看到了中元古代燧石的细胞亚显微结构——细胞膜、细胞核、线粒体和内质网等。我们又用 Q2 号标本在朝阳立源新能源有限公司做了电镜的 SEM 和 EDS 分析，不仅看到了中元古代燧石的细胞亚显微结构——细胞膜、细胞核，还看到了更小的细胞结构核糖体。Si 的不均匀分布能证明它是后进入燧石的填充物和与 C 交代的物质，生命体重要的元素 P、S 等含量虽然很少，但在一定范围内表现出极均匀的分布状态，这是由生命体严整结构所决定的，是生物区别于非生物的特征之一。从细胞的亚显微结构和元素分布水平证明燧石是化石。

2.4.2.7　国内研究燧石和中元古代疑源类化石的前沿

"朝阳市凤凰山与麒麟山地质构造和化石种类比较研究"课题研究一直以来得到了中国地质科学院高林志研究员的关注，2017 年 3 月中旬课题主持人白天莹教授和刘守华教授到北京拜访高林志研究员，认识了我国燧石和疑源类研究的老前辈古生物学家尹崇玉研究员，与我国古生物学领域研究热河生物群的几个著名教授和研究员也交换了意见。虽然对我们课题研究的结论没能达成共识，但是与这些科学家面对面的交流使我们增长了许多古生物学和地质学研究领域的知识，了解了当前国内外对中元古代燧石的认识和研究进展，知道了我们的研究在国内外同领域的研究地位。几位科学家们的意见及基本观点归纳如下：

（1）我们拿去的燧石样品是中元古代雾迷山组的材料，年代没有问题，最新的研究认为雾迷山组的同位素年龄可能还会早于 14.85 亿年。

（2）寒武纪生命大爆发是中外科学家研究了 200 多年的科学定论，因此中元古代不可能有宏观的生物化石。如果有，应该是微米级的微体古生物，他们认为我们看到的化石不论形态多像生物都是地质作用形成的假化石。

（3）高林志研究员对课题的看法：发现中元古代化石的可能性不能说绝对没

有，发现硅质化石意义重大，突破已有的科学定论很难，你们还要做大量的工作，祝你们成功。

这次与国家知名的古生物学家交流收获很大。首先化石的地质年代得到了证实，是中元古代雾迷山组 14.85 亿年前的材料。

尽管我们拿着化石和所做的实验的图像、数据、考察的记录与古生物学家们交流，针对我们的研究结论并没能达成共识，根本原因有 3 个方面：其一，地质学上认为燧石是由海底热液形成的，是国内外科学家研究了 200 年的科学观点。其二，多细胞动物起源的寒武纪生命大爆发学说，也是全世界古生物学家研究上百年的成果和普遍接受的理论。我国研究早期多细胞动物起源的成果目前最早的报道是震旦系陡山沱组小春虫 *Vernanimalcula guizhouena* 的发现，地质年代 5.8 亿年前，这种动物化石只有 200 μm，还不及两根头发丝的宽度，只能在显微镜下看到，这种动物虽然很小，但具有口、内部器官以及其他结构。能在雾迷山组发现宏观的 14.85 亿年前的动物化石是不可能事件，这两种观点是科学家脑海中最基本的原则。申请课题时白天莹教授和课题组的成员也是寒武纪生命大爆发理论的忠实信奉者、支持者和宣传者，当 2016 年朝阳麒麟山和凤凰山主要化石产地的地质年代确定为雾迷山组以后，是大量的野外考察的事实和实验结果数据，让我们课题组的全体成员逐渐改变了观念，开始支持 1859 年达尔文在《特种起源》巨著中的论述：寒武纪前一定有富含化石的地层，是人们还没有发现它们或化石的形态已经让人们无法辨认了的观点。其三，尽管这几位科学家在他们各自的研究领域取得了非常辉煌的成就，但他们脑海中对中元古代燧石结核认识的知识储备仍然是此前大学教材中的科学定论，因为他们没有进行过这方面的研究。

虽然我们的研究成果没能达成共识，但是目前国内外还没有人把整个燧石当作一个生物化石来研究，我们的研究是国内首创的。尹崇玉研究员是燧石生物和疑源类生物研究的专家，曾对贵州瓮安地区震旦系陡山沱组 6.8 亿年前胚胎化石的研究做出过重大贡献。他的研究思路是将燧石切开用切片法和化学浸解法研究燧石结核内部是否有化石存在，研究结果表明在碳酸盐岩中的黑色燧石夹层或燧石结核中发现了大量疑源类化石 *Tianzhushania spinosa*，*Tianzhushania ornate*（图 2.37），以浮游藻类为主，并含有底栖多细胞藻类和丝状蓝藻的化石生物群。这一发现被认为是后生动物胚胎的化石记录从陡山沱期典型的磷酸盐化埋藏环境扩大到硅化（燧石）的埋藏，打开了一个研究其真实属性的新窗口。我们看了尹崇玉研究员所做的成批的化石切片，只保留了燧石内部面积 $1 \sim 2 \ \mathrm{cm}^2$ 大小的研究材料。而白天莹是把整个燧石当成一个生物体来研究，尹崇玉研究员的研究成果为我们的课题提供了一个佐证，他发现的疑源类化石正是整个燧石的部分内部构造，是动物体内不同的组织器官的显微结构。对此白天莹教授认为尽管燧石的年代不同，但燧石中能够存在生命的成分是事实。白天莹认为不能从地质年代过早和化石的体积过大两个方面对课题的实验结果简单地予以否定；任何一个科学家也不能只从该课题的一些实验图像、数据就简单地给予肯定，那都是不负责的。要实现古生物学研究的重大突破就要经得起实验的验证以及各方面观点的质疑。200 年前由于科学技术水平的局限人们无法认清中元古代燧石结核的本质，在科学技术不断发展的今天，尤其是电子显微镜的发现和岩石制片技术的进步，人们一定能认清中元古代的化石形态。

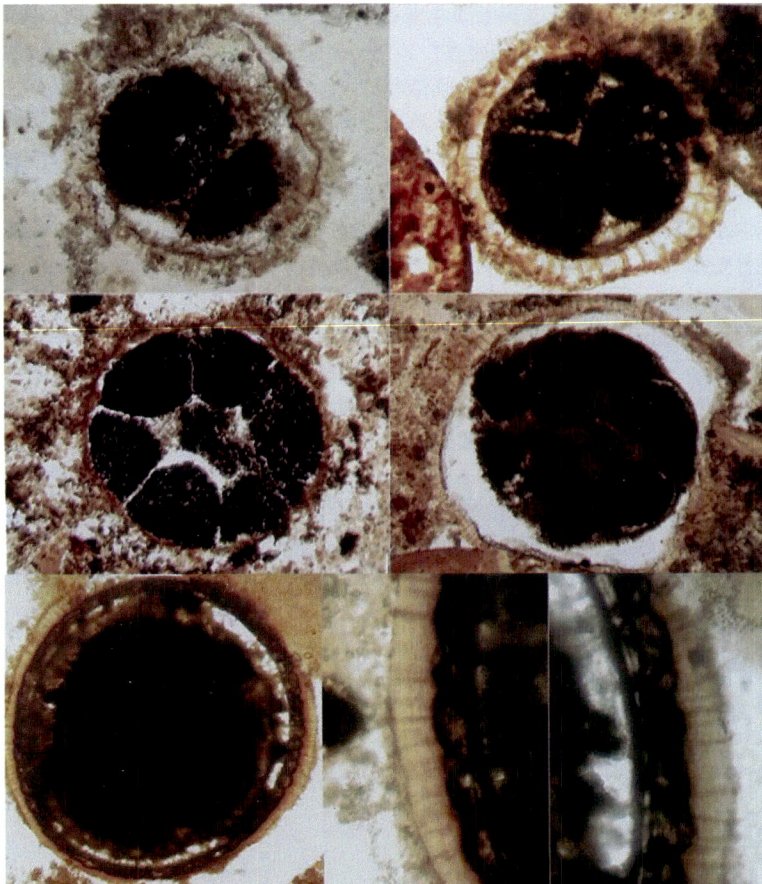

峡东地区陡山沱组燧石结核中具有分裂象和具中层壁的疑源类 *Tianghushanin*

图 2.37　中国地质科学院尹崇玉研究员研究燧石结核内部结构的图像

高林志研究员对课题的看法：科学是探索，不管成功与失败。关键是如何发现的及探索的思路是否正确。硅质岩或硅质结核在华北中元古代地层中广泛发育，如是硅化的软体，意义重大，但证明很难。地化分析或生态指标分析是另类佐证，要考虑同质和不同地层中的分析，才可信。遗憾，我没时间陪你们去野外，野外观察是第一位的。祝你们成功。

中元古代的燧石是动物化石：综上所述，根据两年多的科学研究和野外考察，我们不仅看到了朝阳市整个麒麟山上和凤凰山中元古代地层中数以万计（甚至更多）的形态栩栩如生的各类燧石，还"看"到了随着地球的演化沧海桑田变迁，它们从远古海洋的深处上升到高山之巅。一层层、一排排，随着地层层位的上升它们的形态从扁平、扁圆、椭圆到 1 m 多长甚至更长；由于地质作用它们以俯视的状态，以横断面、纵断面、矢状断面等形态展现出来，使人们能看见它们的内部结构从单一的、两个三个连续的、体内形成隔，出现分支，到出现口和消化腔，还保留了数个正在吞噬的场景；形态结构、生理功能越来越复杂，更神奇的是两个山不同的山峰四个化石产地，由于地质年代相近，燧石的大小形态结构特点惊人的相似。燧石的类型体现出了生物进化的规律和特点。我们并没有轻易地把它们说成是化石，我们通过个体形态水平的研究；制作磨片观察到了它们具有体壁、消化腔、神经组织、肌肉组织和排泄的管道等结构进行生物体组织结构的研究；排除了它们是矿物成因的可能，并与现生生物的细胞结构进行了比较研究；利用电镜扫描进行了亚细胞结构水平的研究，进一步看到了细胞、细胞膜、细胞核、线粒体、肉质网和核糖体等；权威机构的化学检测和我们自己做的 XRD 的检测与电镜 EDS 分析对同质不同层位的材料进行了地化分析，从化学组成和元素分布层面进行了研究，而且中国地质科学院有关燧石的研究为我们提供了非常有力的佐证。综合各个层面的研究结果，充分证明了雾迷山组有生命形态的燧石是生物化石，而且绝大多数是动物化石的结论。《中元古代食肉动物化石的发现及其意义》在《辽宁师专学报》（2016 年第 3 期）上的发表，对外宣布了这一古生物研究的惊人发现，我们改写了生物进化的历史，拉开了人类进入中元古代早期生命演化研究的序幕。

2.5 朝阳生物群的概念

2.5.1 朝阳生物群的发现

朝阳生物群化石的发现：2007 年秋天，朝阳师范高等专科学校的生物学教授白天莹在对朝阳市区东侧的麒麟山进行野外考察时首次发现，有许多岩石很像软体动物化石但没有贝壳，有些像体型较大的蠕虫化石，进一步考察有些很像扁形动物化石，更有许多不认识的生命形态，数量很多暴露在山体的岩石外面，镶嵌于岩层之间，场面很是壮观。因与举世瞩目的热河生物群化石埋藏方式和种类完全不同，经考证这里是海相地质构造，当时查阅地质年代表得知软体动物起源于距今 4.4 亿年或 5.1 亿年前的古生代的奥陶纪，比热河生物群的中生代白垩纪至少早 3 亿至 4 亿年，是不同的地质年代内不同地区、不同种类的生物类群，而且与毗邻的朝阳市凤凰山景区核心区域的化石形态种类也完全不同。2014 年在朝阳市领导到学校视察工作参观陈列馆时，白天莹教授在讲解古老神奇的朝阳大地有两个地质年代完全不同的化石群时，第一次提到"朝阳生物群"的概念。为了能把朝阳独特的地质构造资源展现给世人，增加朝阳市旅游文化的科学内涵，2015 年白天莹教授成功申报了以朝阳生物群研究为核心的省级课题"朝阳市凤凰山和麒麟山地质构造与化石种类比较研究"，带领由生物学、地理学、物理学教授和矿物加工专业的研究生、博士在读生等多学科教师共 15 人组成的研究团队进行课题研究。

2.5.2 朝阳生物群的初步研究

野外考察：野外考察是课题研究的基石，结合朝阳地质图，两年来课题组成员选择了具有典型地质构造特征的 18 条路线对整个凤凰山和麒麟山脉进行了 30 多次系统的科学普查和标记，获得大量翔实的不同地质构造和化石分布情况的第一手资料和精准记录。普查记录典型地质构造 30 多种，普查标记化石点上千处，统计岩石类型 40 多种，制作化石、岩石磨片 200 多片，获取显微结构图像 500 多张，电镜扫描图像 60 多张。采集化石、岩石标本 300 多件。

考察纪实：2016 年 9 月 5 日考察记录

本次考察的目的：对第一次登麒麟山时发现的地质构造和化石进行精准测量

参加人员：白天莹、廉玉利、张莺、李依娜

登山路线：沿地震台北登山

注：因燧石的化石属性还在验证过程中，故这里标注的是燧石条带（化石）或燧石结核（化石），考虑到对化石的保护，这里没有标明 GPS 的数据。

海拔 221 m 处地质构造出现明显的沉积律：

海拔 221 m：第一层　燧石条带（化石）厚 1 cm，两个燧石结核之间的岩层厚度为 18 cm。

第二层　燧石条带（化石）厚 1.5 cm。

第三层　岩层厚 22 cm，燧石条带（化石）厚 1.8~4 cm。

海拔 228 m：第四层　岩层厚 26 cm。燧石结核（化石）厚 1 cm（中间还有几层）。

第五层　岩层厚 32 cm，化石厚 2.5 cm。

海拔 229 m：第六层　岩石厚 43 cm。化石厚 3 cm。

海拔 238 m：第七层　层次级多。

海拔 241 m：有连续的燧石条带。

海拔 242 m：有 2 个燧石结核（化石）①长 5 cm，厚 3 cm。

②长 40 cm，厚 2.3 cm。

岩层的倾斜角为 50°，出现明显的岩层倒逆现象。

海拔 251 m：燧石结核（化石）长 40 cm，厚 4.5 cm。

海拔 255 m：燧石结核（化石）长 9 cm，宽 6 cm，厚 4 cm。

海拔 261 m：燧石结核（化石）长 13 cm，宽 5 cm，厚 4 cm。

海拔 272 m：燧石结核（化石）长 32 cm，厚 2 cm。

海拔 279 m：燧石结核（化石）长 21 cm，厚 3 cm。

海拔 277 m：燧石结核（化石）岩层形成砾岩燧核搅拌状，层次乱。

海拔 277 m：燧石结核（化石）长 21 cm，厚 6 cm。

海拔 290 m：燧石结核（化石）长 13 cm，厚 2 cm，宽 9 cm。

海拔 292 m：燧石结核（化石）层次密紧，27 层岩石厚度每层只有几厘米。

海拔 286 m：燧石结核（化石）1 块厚 12 cm、宽 9 cm，2 块长 180 cm。

海拔 307 m：变质岩。

海拔 311 m：直立岩石（在爬山的转弯处，由于地质作用水平的沉积岩发生了近 90° 改变，成为直立岩石）。

海拔 313 m：有化石。

海拔 317 m：一块大岩石

    第一层　岩石厚 10 cm。燧结核（化石）长 37 cm，厚 2 cm。

    第二层　岩石厚 11.5 cm。燧结核（化石）长 38 cm，厚 2 cm。

    第三层　岩石厚 8 cm。燧结核（化石）长 87 cm。

    第四层　岩石厚 5 cm。燧结核（化石）长 70 cm，厚 2 cm。

    第五层　岩石厚 8 cm。（这个断口处无燧核）

    第六层　岩石厚 5 cm。燧结核（化石）长 126 cm，厚 2 cm。

    第七层　岩石厚 5 cm。燧结核（化石）长 128 cm，厚 4 mm。

    第八层　岩石厚 12 cm。燧结核（化石）长 87+21 cm（因地质作用的结果一个化石断裂成两部分），厚 3~5 cm。

    第九层　岩石厚 23 cm。燧结核（化石）长 105 cm，厚 2.5 cm。

海拔 332 m：燧结核（化石）近圆形，长轴 11 cm，短轴 10 cm。

海拔 351 m：有燧结核（化石），岩石光滑。

海拔 364 m：圆形散燧核（化石）俯视图。

海拔 375 m：燧核（化石）豆角状分散，长 79 cm，最宽处为 15 cm。

海拔 383m：化石骨头状，长 28 cm，宽 9–12–17 cm（最窄处 9 cm，多为 12 cm，最宽处 17 cm）。

海拔 406 m：燧结核（化石），长 36 cm，宽 12 cm。

海拔 423 m：地震台处山顶，翻过山岗到山体东坡继续上行。

    在山体东坡中上部海拔 436 m 处的一块岩石上分散着许多燧结核（化石），岩石呈菱形，对角线分别为 140cm，165cm。（图 2.38）。

最高点：海拔 490 m。

本次考察的重大发现：

（1）岩层的沉积有规律（沉积律），随着太阳在银河系中运行并沿着自身的轨迹 2.5 亿年转一圈，地球在这个过程中与其他天体的距离有周期性变化（如彗星的运行），这些变化引起了远古海洋环境（温度、盐分、海啸、火山喷发等）的骤变，造成大批生物同时死亡。因此这种地质事件呈周期性发生，岩层也就出现了沉积规律。

（2）发现明显的岩层倒逆现象，这是典型的震积岩。

（3）随地质年代的变化，下部地层化石小，化石剖面纹理和层次结构简单，随着年代增加，岩层中的化石体积逐渐增大，化石剖面纹理和层次结构越来越复杂。这正与达尔文生物进化论的观点是一致的，体现了生物从简单低等向复杂高等进化的规律。

图 2.38　独立的菱形巨石块上有许多燧结核（化石）

地质年代的确定：地质年代的确定是课题研究的首要问题，我们的课题经费虽然无法保障完成同位素检测绝对地质年代的工作，但是我们在中国地质大学（北京）、中国地质科学院（北京）、辽宁省第三地质大队等单位的专家、学者的支持和帮助下，根据朝阳市区地质图和辽宁省地质志文献的记载，采用实地勘察与岩石的沉积层序对比、岩矿学分析的方法，并与天津蓟县中元古代标准剖面进行了考察对比，完成了地质年代的确定。确定结果得到了中国地质科学院专家的确认。化石的主要地质年代为中元古代蓟县系雾迷山组（14.85 亿年前），其下部杨庄组和上部的洪水庄组、铁岭组也有化石分布。

化石的分布：朝阳生物群的化石在朝阳市区内，主要分布在麒麟山上，凤凰山南端的两个山峰也有分布。麒麟山最北端采石场处地层最古老没有化石分布，麒麟山地震台沿线山体下部长城系团山子组地层是发现化石最早的层位，凤凰山最南端原采石场沿线山体下部相同层位也发现了类似的化石，这些化石小而扁（1 cm 厚），以单一个体为主，多为扁形动物化石。沿向斜坡上行，化石的体积逐渐增大（2 cm×3 cm、2 cm×4 cm、4 cm×5 cm）。蓟县系雾迷山组的化石数量增多，种类形状多样、个体增大，出现了环节动物、蠕虫类化石（20 cm）、没有贝壳的软体动物化石（8 cm×12 cm）。在麒麟山纪家窝铺、兵人城堡、气象雷达和凤凰山南第二峰这 4 条考察路线上蓟县系铁岭组的地层中相隔 4 km 的化石的形态、种类、颜色非常相似，化石呈现巨型化（体长达 180 cm）。在凤凰山南端雾迷山组、铁岭组地层中都出现了带眼点形结构的化石。在凤凰山南铁岭组地层中还出现了暴露消化腔的大型化石和小型化石，小化石外侧有明显的体节。在凤凰山南雾迷山组和铁岭组地层中共发现 5 块具有吞噬现象的化石，相关文章《中元古代食肉动物化石的发现及其意义》已在《辽宁师专学报》上发表（2016 年第 3 期）。随着地层年代的增加，化石的形态结构呈现个体由小到大、形态特征由简单到复杂的规律，体现出了生物进化的特点。

凤凰山景区核心地域的地质年代复杂、时间跨越很大。凤凰山与麒麟山以王秃子沟分界，在凤凰山景区北沟小塔子附近暴露着太古代的地层，在小塔子岭登山路线的底层岩石上发现了小型叶状体藻类植物化石，于山体中部发现了水母、小型珊瑚等腔肠动物化石，在小塔子岭接近顶峰处有软体动物化石震旦角。在凤凰山景区南沟（核心区域）南门不远处沟底层岩石也有太古代的地层，发现了深灰色的岩石上有单细胞藻类植物化石。十八盘的登山路线上有许多宏观藻类植物化石，随着地质年代的增长，藻类植物化石也呈现由小到大、由简单到复杂的进化规律。凤凰山中寺东侧的山体（地质图上寒武纪的区域）上有许多燧石化石，这里是不是寒武纪的岩层需要进一步考证。凤凰山南侧第 4 号考察路线，山体底部有青白口系的地层，向上是寒武纪的地质年代下统、中统、上统，发现大量叠层岩，上面有藻类植物化石。

2.5.3 朝阳生物群的概念

综合分析课题组两年多的研究工作和实地考察的资料信息，查阅资料研究，多层次多角度的实验论证，到蓟县中元古代标准剖面考察比对，向专家请教等，归纳出朝阳生物群的概念。因为这些化石的首次发现是在中国辽宁省朝阳市凤凰山风景区的麒麟山上，地质年代通过等时线比对法确定为中元古代，该生物群的初步研究者是朝阳师范高等专科学校的科研团队，因此冠以"朝阳"二字，并以此与朝阳地区举世闻名的中生代热河生物群加以区别。

朝阳生物群的概念：朝阳生物群是以中国辽宁省朝阳市凤凰山和麒麟山（位于城区东部 4 km 处）为化石主要产地（图 2.39），南起东经 120° 46′、北纬 41° 51′，北至东经 120° 56′，北纬 41° 60′、范围 55 km²，以 14.85 亿年前中元古代蓟县系雾迷山组地质构造为主的元古代腔肠动物、扁形动物、环节动物、蠕虫及没有真正贝壳的软体动物等低等无脊椎动物和藻类植物宏观石质实体化石为代表的生物群。朝阳生物群化石的地质年代可以扩展到雾迷山组下部的杨庄组、上部的洪水庄组和铁岭组，朝阳生物群的分布范围可以扩展到整个华北地台中元古代地质构造发育良好的区域。

图 2.39 朝阳生物群的主要产地
红线区域内及凤凰山脉的雾迷山组岩层中

2.5.4 朝阳生物群发现的意义和价值

朝阳生物群发现的意义和学术价值非常重大。朝阳生物群的发现打开了人们研究隐生宙生命形态的天窗，为解释达尔文《物种起源》中对没有发现寒武纪之前富含化石的地层而困惑提供了充分的化石证据，对寒武纪生命大爆发学说提出了挑战，可以将目前人们对多细胞动物起源于 6.8 亿年前的认知向前推进到 14.85 亿年前。朝阳中元古代食肉动物化石的发现可以充分证明中元古代低等动物已经进化到一定的水平，从相伴生的化石形态和数量看，那时海洋动物种类已经非常繁盛，形成了具有一定食物联系的古生态系统。因此，生命起源的研究进入对中元古代时期的研究。研究表明燧石中的硅来源于海底热液，但燧石的形状是由动物的遗体形状所决定的，该成果是对 200 年来国内外地质学家研究的燧石是因海底热液形成的理论的进一步完善和拓展。

朝阳生物群的利用价值巨大。朝阳市凤凰山和麒麟山西侧向斜的岩层就是天然的地质剖面，与镶嵌在上面的古老生命的化石形成遗迹景观，是一个天然的地质公园，一部凝固的生命天书，一幅地球演化沧海桑田的画卷。朝阳鸟化石国家地质公园是全世界古生物学家研究中生代生命演化的圣地，同样朝阳凤凰山景区也将成为全世界古生物学家、地质学家研究中元古代地球演化和生命演化不可多得的研究重地和科学普及的基地。朝阳生物群将为朝阳发展文化产业提供新的独一无二的稀贵资源。

朝阳曾是三燕古都、东北地区佛教文化传播中心。凤凰山国家森林公园本身就是国家 4A 级旅游景区，如果把凤凰山和麒麟山的自然演变史研究融入景区建设，打造一个佛教文化旅游主线和地质地貌旅游主线交融、自然史和人类文明史相结合的旅游景区，则会进一步提升朝阳旅游文化的档次，成为国家一流的旅游胜地，将创造出更大的科学、社会和经济效益。

3 朝阳凤凰山和麒麟山化石的初步分类

3.1 动物化石

朝阳生物群化石种类繁多，有元古腔肠动物化石、元古扁形动物化石、元古环节动物化石、元古没有贝壳的软体动物化石和圆形、椭圆形及不规则形等疑缘动物化石，因无法辨认内部构造，本着对科学负责的态度，故暂时没有对化石命名。

3.1.1 元古腔肠动物化石

腔肠动物化石 1（图 3.1）
化石产地：朝阳市麒麟山
地质年代：中元古代雾迷山组
外形描述：化石嵌在灰色的白云岩中并突出于白云岩 0.85 cm。地质作用的结果，使得内部的腔隙清晰可见，体长 5.1 cm，体宽 3.8 cm，体壁包围的腔近似椭圆形，长轴直径为 1.83 cm，短轴直径 1.58 cm。

图 3.1 腔肠动物化石 1

腔肠动物化石 2（图 3.2）
化石产地：朝阳凤凰山小塔子岭上部
参考地质年代：寒武纪
外形描述：这枚化石的横截面嵌在深灰色的碳酸盐岩中，突出于岩石之上 0.4 cm，外观可见体壁包围中央的腔，身体为辐射对称。这与现今的腔肠动物非常相似。

图 3.2 腔肠动物化石 2

腔肠动物（图 3.3）：呈辐射或两辐射对称，仅具二胚层，是最原始的后生动物。体壁由外胚层、内胚层和中胶层组成。内胚层围成身体的整个内腔称消化循环腔，腔肠一端为口，另一端闭塞，无肛门。体壁中的刺细胞和中胶层对身体具有支持和保护功能。

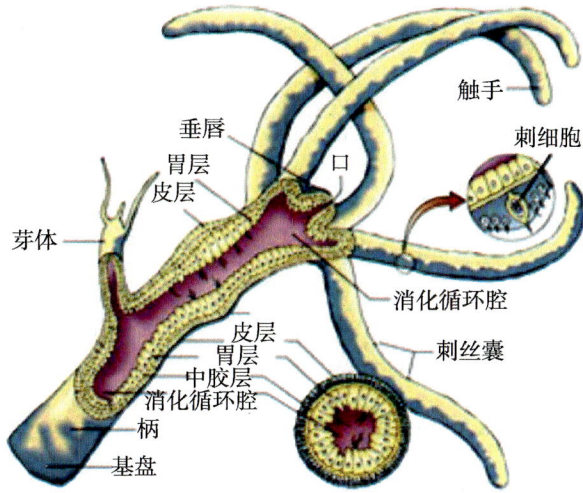

图 3.3　现今腔肠动物水螅示意图：整体，横切，纵切

怪诞虫化石（图 3.4）

化石产地：朝阳市凤凰山北沟

参考地质年代：寒武纪

外形描述：身体似一根管子，嵌在深灰色的岩石中，其背腹又各向外伸出多个类似的管子。与最早发现于加拿大布尔吉斯页岩矿坑，生活于大约 5.3 亿年前的海洋之中的怪诞虫非常相似。

怪诞虫是寒武纪最著名的动物。头很小，躯干背侧具有 7 对斜向上生长的强壮的长刺。第一眼看到怪诞虫的人肯定会惊讶于造物主的神奇，因为怪诞虫的外形实在是太奇特了，你甚至连它的头都找不到，而它的身体就像一根管子，管子上长出了无数的触手。没错，这个长相奇特无比的家伙就是古生物界的名角——怪诞虫（图 3.5）。而怪诞虫这个名字的由来，想必大家都已经猜到了，因为它外形怪诞。怪诞虫属于叶足动物门。

图 3.4　怪诞虫与藻类植物化石

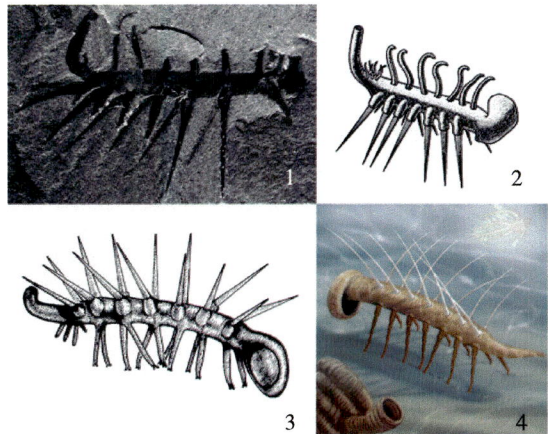

图 3.5　怪诞虫的复原图

3.1.2 元古扁形动物化石

麒麟山涡虫俯面观化石（图 3.6）

化石产地：朝阳市麒麟山北洼村考察路
线下部

地质年代：中元古代雾迷山组

外形描述：外形酷似现今的扁形动物涡
虫，体前部有 2 个三角形耳状突，这是它的
感觉器官，头部略呈三角形，体为明显的两
侧对称，身体嵌在灰色的白云岩中，但大部
分突出于白云岩之上，身体中部稍后由于地
质作用出现轻微错裂。涡虫全长 18.6 cm，最
宽处为 5.6 cm。与现生三角真涡虫（图 3.7）
极其相似。

图 3.6　麒麟山涡虫俯面观化石

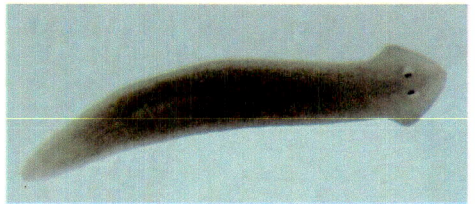

图 3.7　现生动物三角真涡虫

扁形动物是一类两侧对称，出现三胚层，
无体腔，无呼吸系统、无循环系统，有口无肛门的无脊椎动物。体前端有 2 个可感
光的色素点（眼点），体表部分或全部着生有纤毛。

扁形动物门开始有发达的中胚层，并出现两侧对称；有肌肉系统，感受器亦趋
完善，摄食、消化、排泄等机能也随之加强；由中胚层形成的实质组织，充满体
内各器官之间，具有贮藏水分和营养的功能，组织细胞还有再生新的器官系统的能
力。这些在动物进化上都具有重要意义。

有背中线和分支的类涡虫背面观化石（图 3.8）

化石产地：朝阳市麒麟山地震台考察
路线中部

地质年代：中元古代雾迷山组

外形描述：这是一枚有明显背中线和分
支的类涡虫，嵌在灰色的白云岩中，并突出
于白云岩之上 0.9 cm，体表呈锈红色，全长
42 cm。化石边缘缺失，露出里面的黑色。

图 3.8　有背中线和分支的类涡虫化石

麒麟山斑纹扁虫，可见背面和矢状剖面化石（图 3.9 化石 A）

化石产地：麒麟山地震台考察路线中部

地质年代：中元古代雾迷山组

外形描述：麒麟山斑纹扁虫是夹在两层灰色白云岩间，只露部分体背面的扁形

动物化石。身体上有大小不等的空心，透过体表能看见非常有规则的似同心圆花纹。身体左侧由于地质作用出现断裂现象而缺失，从地层剖面看，表现为燧石条带状结构。

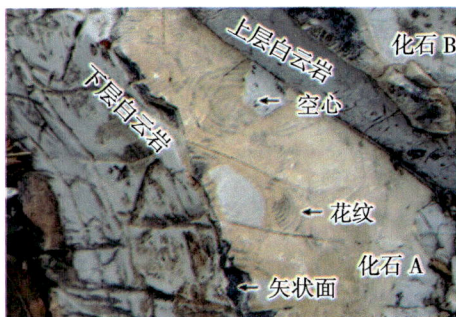

图 3.9　麒麟山斑纹扁虫化石

有空腔的矢状面化石 1（图 3.10）

化石产地：朝阳市麒麟山地震台考察路　　　　　　线中部

地质年代：中元古代雾迷山组

外形描述：由于地质作用形成的天然矢状剖面化石，化石大部分嵌在灰白色的白云岩中，突出于白云岩之上 0.5 cm。露在外面的部分长 5.6 cm，背腹厚度约 1.7 cm，腔隙宽约 0.4 cm，腔隙长约 4.8 cm。其矢状面能明显地分出三个胚层的构造。

图 3.10　有空腔的矢状面化石 1

矢状面（sagittal plane）：解剖学把按前后方向将人体或其他生物身体纵切为左右两部分的所有与其平行的剖面都称为矢状面。左右对等的面被称为正中矢状面。

有空腔的矢状面化石 2（图 3.11）

化石产地：朝阳市麒麟山地震台考察路线中部

地质年代：中元古代雾迷山组

外形描述：地质作用形成的天然不太完整的矢状剖面化石，内部腔隙清晰可见，大部分包埋于灰白色的白云岩中，露出部分长 5.73 cm，最宽处为 1.64 cm，最窄处为 0.76 cm，体壁包围的腔隙宽约 0.4 cm，腔隙长约 4.8 cm。从剖面构造比较看，该化石与图 3.10 的化石属于不同类型且进化地位不同的动物形成的化石。

图 3.11　有空腔的矢状面的化石 2

有空腔的矢状面化石 3（图 3.12）

化石产地：朝阳麒麟山微波站路线下部

地质年代：中元古代雾迷山组

外形描述：这是一个嵌在坚硬的灰色白云岩中的化石，地质作用的结果使化石不完

图 3.12　有空腔的矢状面化石 3

整，露出的化石全长 22 cm，宽为 2 cm，腔隙长为 0.5 cm。从矢状剖面构造看，其与前两者（图 3.10 和图 3.11）也略有不同。

3.1.3 元古环节动物化石

似昆虫幼体的侧面观化石（图 3.13）

化石产地：麒麟山地震台考察路线上部

地质年代：中元古代雾迷山组

外形描述：这是一个外形似昆虫幼虫的化石，化石嵌在灰色白云岩中，并略微突出于岩石 0.6 cm。化石长为 7.3 cm，宽约 1.7 cm，左侧为头部，较小，可见口器的位置，右侧为尾部。虫体有明显的体节分化，共有 7 个体节。该化石与现生生物昆虫的幼虫相似（图 3.14），不同的是形成此化石的动物还没有进化出附肢的结构。

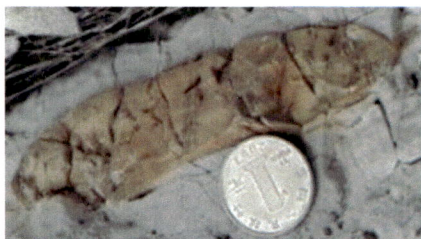

图 3.13　似昆虫幼虫的侧面观化石

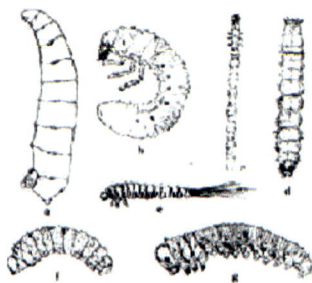

图 3.14　现今生物昆虫幼虫

原始分节虫背面观化石（图 3.15）

化石产地：朝阳市麒麟山北洼村考察路线
　　　　　中下部

地质年代：中元古代雾迷山组

外形描述：这是一个身体分为 7 个体节的动物，身体嵌在深灰色的白云岩中，并突出于白云岩之上 0.8 cm，虫体表面为黑色或灰黑色，部分体节风蚀状况明显。体长约 28 cm，身体最宽处为 12 cm。

图 3.15　原始分节虫背面观化石

分 3 个体节的动物背面观化石（图 3.16）

化石产地：朝阳市麒麟山北洼村考察路线
　　　　　中下部

地质年代：中元古代雾迷山组

外形描述：这是一个外观清晰可见 3 个体节的动物，化石嵌在灰色的白云岩中，并突出

图 3.16　分 3 个体节的动物背面观化石

于白云岩之上，化石表面可见明显的风蚀现象。该化石体长约为 20 cm，体宽最宽位为 7.76 cm。

有 2 个体节的动物天然矢状面化石（图 3.17）

化石产地：朝阳麒麟山地震台路线上部

地质年代：中元古代雾迷山组

外形描述：化石嵌在灰色的白云岩中，并突出于白云岩之上 0.8 cm，有头、尾区别，外观明显的分为两节，体内的两节之间有清晰的节间隔。节间隔及动物体表的颜色均为锈红色，而其体内皆为黑色，岩石、体表及内部的颜色区分明显。化石全长 17.3 cm，身体最宽处为 4 cm，节间隔长为 3.3 cm。

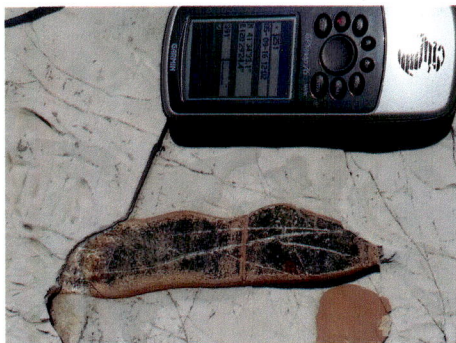

图 3.17　有 2 个体节的动物矢状面化石

关于分节：生物的进化是从简单到复杂，由低等到高等，由水生到陆生逐渐进行的。当动物进化到环节动物时开始出现分节现象（图 3.18）。

环节动物在动物进化的历程中已发展到一个较高的阶段，是高等无脊椎动物的开始。体外有由表皮细胞分泌的角质膜，体壁有一外环肌层和一内纵肌层。通常有几丁质的刚毛，按节排列。有头或口前叶，附肢有或无。具有闭管式循环系统，血液中通常有呼吸色素。体腔按节，由隔膜分成小室为裂体腔起源，即分节不仅表现在体外也表现在体内。

3.1.4　元古没有贝壳的软体动物化石

元古软体动物化石 1（图 3.19）

化石产地：朝阳市凤凰山小塔子岭

参考地质年代：寒武纪

外形描述：该化石部分嵌入深灰色碳酸盐岩中，身体背部暴露于岩石的表面，并略突出于岩石。化石长 8 cm，身体前部宽为 1.2 cm，前端较尖，最前端由于地质作用由其他物质填充或遮盖，约 2 cm 后渐次变宽，身体后部最宽处为 2.8 cm，后端呈波浪状，化石表面可见明显风蚀的痕迹。

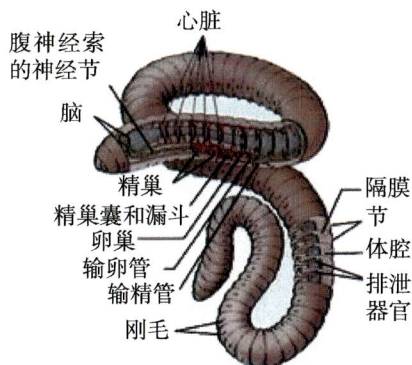

图 3.18　环毛蚓的体节结构示意图

图 3.19　元古软体动物化石 1

图 3.20 软体动物化石 2

中，并突出于白云岩之上，与现今的软体动物头足纲乌贼有些相似。这一发现将软体动物的起源提前到 10 亿年前。

软体动物化石 3 似蛤类化石 （图 3.21）

化石产地：朝阳市麒麟山微波站南坡

地质年代：中元古代雾迷山组

外形描述：灰黑色化石嵌在深灰色的白云岩中，并突出于白云岩之上 1.2 cm，可见化石动物体壁呈现出明显的两层。

软体动物化石 4 双壳类化石 （图 3.22）

化石产地：朝阳市麒麟山地震台考察路线下部

地质年代：中元古代雾迷山组

外形描述：化石嵌在灰色的白云岩中，并突出于白云岩之上，两侧对称，与现今的双壳类软体动物非常相似。化石表面及其暴露的内部均呈锈红色，暴露的壳体长为 6 cm，宽为 2 cm。

现生双壳类特点（图 3.23）：多具两片外套膜及两片贝壳，故称双壳类（*Bivalvia*）；头部消失，称无头类（*Acephala*）；足呈斧状，称斧足类（*Pelecypoda*）；瓣状鳃，故称瓣鳃类（*Lamellibranchia*）。

软体动物化石 2（图 3.20）

化石产地：朝阳市麒麟山微波站南坡

地质年代：中元古代雾迷山组

外形描述：3 枚软体动物背面观化石，它们因地质作用虽然保存的形状不同，但从体形特点上可以推断是同种个体。部分嵌入灰色白云岩

图 3.21 软体动物化石 3 似蛤类化石

图 3.22 软体动物 4 双壳类化石

图 3.23 现今双壳类生物有两个壳

软体动物天然正中矢状剖面化石（图3.24）

化石产地：朝阳麒麟山北洼村考察路线上部

地质年代：中元古代雾迷山组

化石描述：化石包埋于刀砍状白云岩中，并突出白云岩之上。自然的力量鬼斧神工般将其切割为断面整齐、匀净、光滑完整的正中矢状剖面化石，形状为大小不等的哑铃形。最长为14.9 cm，最宽为2.7 cm，次宽为2.1 cm。内部构造比

图3.24 软体动物正中矢状面化石

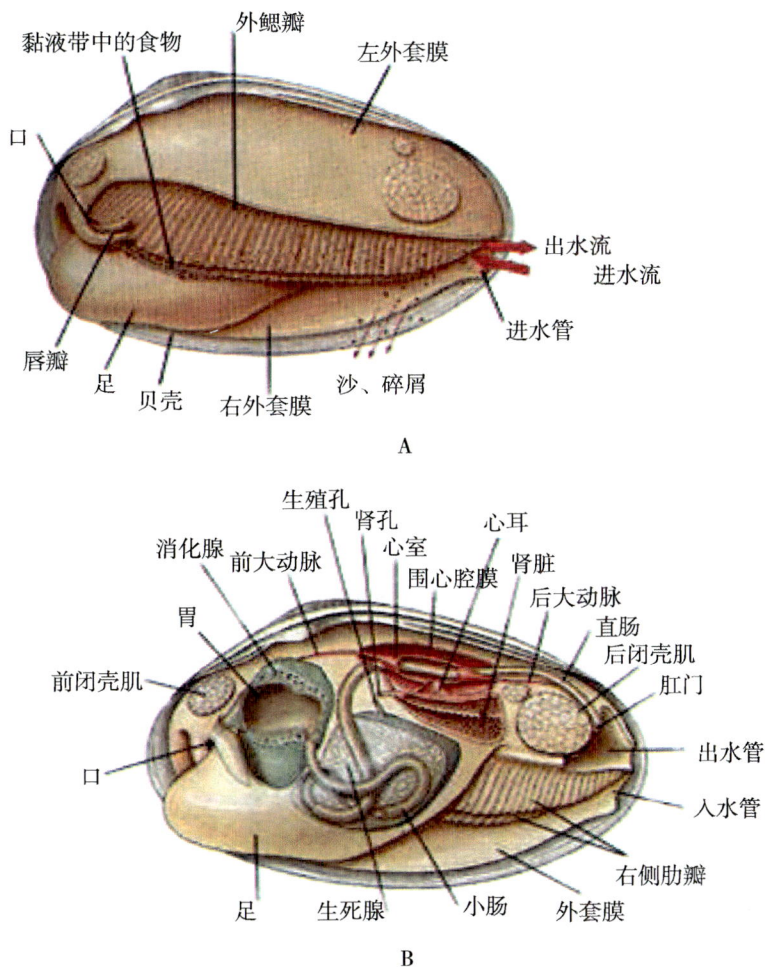

较清晰地呈现出两条似管状的结构。这一特点与现生瓣鳃纲动物的进水管和出水管形态位置极其相似，据此判断它们应该是元古软体动物的出水管和入水管。与瓣鳃纲动物不同的是元古软体动物没有真正的贝壳，从化石上看没有斧足的结构。因此该动物属于瓣鳃纲软体动物的原始祖先。（图3.25）

A

B

图3.25 软体动物内部结构

A.淡水蚌的摄食机制　B.蚌的构造

软体动物—震旦角化石（图 3.26）

化石产地：朝阳市凤凰山小塔子顶峰

参考地质年代：寒武纪

外形描述：该化石长圆锥形，嵌在深灰色的碳酸盐岩中，并突出于岩石之上，外形酷似一截干枯的木棍，地质作用使其躯干后部出现断裂缺失，并可见内部的腔隙。体长约

图 3.26　软体动物—震旦角化石

16.8 cm，圆锥体最大直径为 1.77 cm，锥体最小直径为 0.35 cm。

震旦角：古无脊椎动物头足纲的一属。外壳呈圆锥形或圆柱形，壳面覆以显著的波状横纹，壳内由半圆形的隔壁纵向分隔为许多气室，位居中央或微偏的细管称体管。因这类化石的壳形似动物的角，故统称角石。震旦角石长度在 20 ～ 60 cm 之间，最长可达 1 m 多，生长在距今 5.1 亿至 4.4 亿年的奥陶纪，是当时海洋中凶猛的食肉性动物。其化石常见于我国南部中奥陶纪地层中，湖北、湖南、三峡等地的奥陶纪地层是其主要来源地，纵切面磨光状如塔，俗名"宝塔石"，是集观赏、收藏、科普、考古和古生物研究为一体的稀世珍品（图 3.27）。在辽宁朝阳凤凰山发现的震旦角化石将其出现的历史由奥陶纪向前推进到了寒武纪。

图 3.27　震旦角化石

有咽管和鳃的软体动物侧面观化石（图 3.28）

化石产地：朝阳凤凰山南端第一峰顶部

地质年代：中元古代雾迷山组

外形描述：该化石与一种剥下贝壳的蛤的形态极其相似，应属于没有贝壳的软体动物化石，化石的右侧比较完整，其上有明显的生长线，左侧上部没有上皮组织，是鳃的结构，左侧下部前端有伸出于体外的管状结构，与一种海螺的咽很相似。该化石与现生软体动物有许多相似之处。

图 3.28　有咽管和鳃的软体动物侧面观化石

3.1.5　元古圆形和椭圆形动物化石

椭圆形天然矢状剖面化石（图 3.29）

化石产地：朝阳市麒麟山地震台考察路线下部

地质年代：中元古代雾迷山组

外形描述：椭圆形化石嵌在灰色的白云岩中，并突出于白云岩之上 1 cm，地质作用使其形成天然的剖面化石。化石断面呈现清晰的三层结构，最外层为锈红色，背部中间有一突起，中间层为黑色，里面也是锈红色，外面两层比例较大，长轴直径为 12 cm，短轴直径为 6.5 cm。

图 3.29　椭圆形天然矢状剖面化石

椭圆形矢状剖面化石（图 3.30）

化石产地：朝阳市凤凰山南端第二峰

地质年代：中元古代铁岭组

外形描述：这是一椭圆形剖面化石，嵌在深灰色的白云岩中，并突出于白云岩之上，其断面一侧较平，另一侧隆起，可以判断这是一种有背腹之分并生活在水域底层的动物，该化石长轴直径为 9.8 cm，短轴直径为 4.3 cm。与图 3.29 化石

图 3.30　椭圆形矢状剖面化石

截面的三层结构比较外层很薄，中间层黑色较厚，里面颜色灰白比例大，故二者不是同种生物。

天然的冠状面化石（图 3.31）

化石产地：朝阳市麒麟山兵人城堡南坡

地质年代：中元古代雾迷山组

外形描述：椭圆形化石嵌在深灰色的白云岩中，突出于白云岩之上 0.6 cm。长轴直径为 8 cm，短轴直径 4.2 cm。化石外部呈锈红色，内部腔隙石化的物质呈灰黑色。

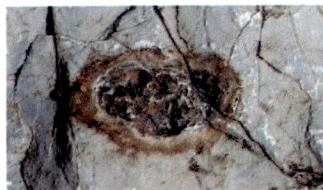

图 3.31　天然的冠状面化石

冠状剖面（coronal plane）：解剖学将沿人体或其他生物身体左右方向纵切为前后（或底栖动物上、下）两部分的断面都称为冠状面。通过中轴的面被称为正中冠状面。

两个圆形冠状面化石（图 3.32）

化石产地：朝阳市麒麟山兵人城堡南坡

地质年代：中元古代雾迷山组

外形描述：化石嵌在灰色的白云岩中，部分突出在白云岩之上，左边的球形化石由于地质作用内部缺失，外壁也不完整，搓裂，右侧的圆形化石截面平整，直径为 10.8 cm，突出于岩石之上 1.5 cm。

图 3.32　圆形冠状面化石的截面

圆形冠状面化石（图3.33）

化石产地：朝阳市麒麟山兵人城堡南坡

地质年代：中元古代雾迷山组

外形描述：圆形化石嵌在坚硬的灰色白云岩中，略突出于白云岩之上0.8 cm，地质作用使圆形化石内部出现两条明显的裂纹。直径为9.2 cm，截面为黑色。

图3.33　圆形冠状面化石

不规则形硅化化石（图3.34）

化石产地：朝阳市麒麟山北坡

地质年代：中元古代雾迷山组

外形描述：化石嵌在灰色的白云岩中，突出于白云岩之上0.8 cm，形状不规则，左侧有角度不同、边长不同的3个角，右侧身体圆滑。化石硅化明显，内部呈现深灰、白、黑3种颜色的组织构造特点。化石长6.4 cm，宽5.2 cm。

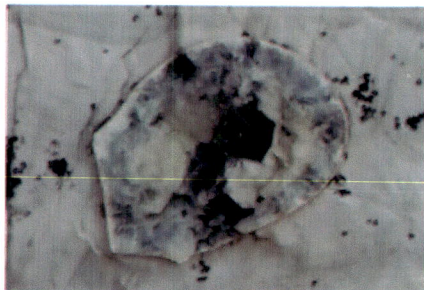

图3.34　不规则形硅化化石

圆形硅化矢状面化石（化石内部有卷曲状构造，图3.35）

化石产地：朝阳市麒麟山北坡

地质年代：中元古代雾迷山组

外形描述：近似圆形的化石嵌在灰色的白云岩中，圆形化石的外壁通体黑色，中心部分颜色略浅，很像动物发育过程中的胚胎形状。地质作用使得圆形化石截面与周围的白云岩岩石表面几乎持平。圆形化石直径约3.1 cm。

图3.35　圆形硅化矢状面化石

两个圆球化石（上部有风蚀的痕迹，图3.36）

化石产地：朝阳市麒麟山地震台考察路线山体上部

地质年代：中元古代雾迷山组

外形描述：两个球形化石并列嵌在坚硬的灰色的白云岩中，并突出于白云岩之上，其中一个球形化石表面因外力作用部分缺失，暴露出化石内部的黑色部分。两个球体大小相同，外观呈土红色，直径为5.8 cm，突出于白云岩之上2.3 cm。

截面为圆形的化石（图3.37）

化石产地：朝阳市凤凰山南端第二峰

图 3.36 两个球形化石

地质年代：中元古代铁岭组

外形描述：这是一剖面为黑色的几近圆形的化石，嵌在灰色的白云岩中，并突出于白云岩之上 0.8 cm，大自然的鬼斧神工，使得这一剖面几近平整，其上有大量的腔隙构造。该圆形化石直径为 17.5 cm。

截面椭圆形化石 1（图 3.38）

化石产地：朝阳市麒麟山微波站山体中部

地质年代：中元古代雾迷山组

外形描述：这是一个截面为椭圆形的化石，嵌在深灰色的白云岩中并突出于白云岩之上 0.8 cm，截面为黑色，长轴直径为 10 cm，短轴直径为 7 cm。

截面椭圆形化石 2（图 3.39）

化石产地：朝阳市麒麟山微波站山体中部

地质年代：中元古代雾迷山组

外形描述：这是一个截面为椭圆形的化石，嵌在深灰色的白云岩中，并突出于白云岩之上 1.2 cm，截面为深灰色，有深灰和灰白形成的纹理构造，长轴直径为 5.8 cm，短轴直径为 4.2 cm。

圆球形化石 （图 3.40）

化石产地：朝阳市麒麟山微波站山体中部

图 3.37 截面为圆形的化石

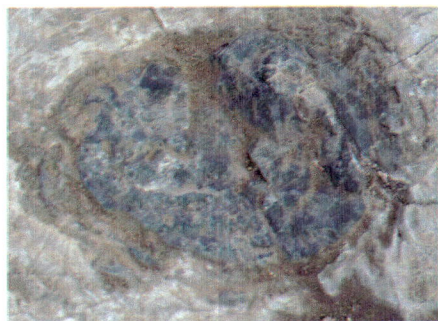

图 3.38 截面椭圆形化石 1

图 3.39 截面椭圆形化石 2

地质年代：中元古代雾迷山组

外形描述：这是一个近似球形的化石，嵌在深灰色的白云岩中，并突出于白云岩之上1.2 cm，直径为4.2 cm，化石表面有部分风蚀现象，露出内里的黑色部分。

椭圆形冠状面化石（图3.41）

化石产地：朝阳市麒麟山微波站山体中部

地质年代：中元古代雾迷山组

外形描述：这是一个椭圆形化石的横截面，截面平整光滑，嵌在深灰色的白云岩中，并突出于白云岩之上1.2 cm，长轴直径为4 cm，短轴直径为3 cm，断面呈浓重的黑色。

圆球截面化石（图3.42）

化石产地：朝阳市麒麟山微波站山体中部

地质年代：中元古代雾迷山组

外形描述：这是一个截面为近似圆形的化石，嵌在深灰色的白云岩中，并突出于白云岩之上0.8 cm，截面为黑色，直径为4.5 cm。

截面为椭圆形的化石（图3.43）

化石产地：朝阳市凤凰山第二峰

地质年代：中元古代铁岭组

外形描述：这是一嵌入深灰色白云岩中的椭圆形矢状面化石，突出于白云岩之上1 cm，其长轴直径为8cm，短轴直径为4.2 cm。化石表面锈红色，截面近于黑色，与周围白云岩颜色区分明显。

右侧有一个较小的长椭圆形截面化石。

球形化石和一头大一头小的化石（图3.44）

化石产地：朝阳市麒麟山地震台考察路线山体上部

地质年代：中元古代雾迷山组

外形描述：右侧的化石呈现出前端圆、

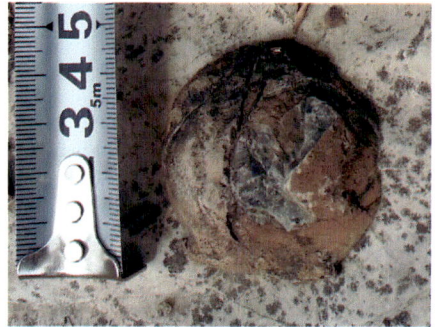

图3.40 圆球形化石

图3.41 椭圆形冠状面化石

图3.42 圆形截面化石

图3.43 截面为椭圆形的化石

后端细的特点，化石嵌在灰色坚硬的白云岩中，并突出于白云岩之上，化石长 12.1 cm，前端球形的部分直径为 6.2 cm。化石表面为土红色，透过表面缺失的部位可见化石内部硅化并呈深灰黑色。

图 3.44　球形化石和一头大一头小的化石

具矢状剖面和冠状剖面的化石（图 3.45）

化石产地：朝阳市凤凰山南端第一峰

地质年代：中元古代铁岭组

外形描述：整体为一椭圆形化石，嵌在灰色的白云岩中，并突出于白云岩之上，化石长轴直径为 12.3 cm，短轴直径为 6.1 cm。地质作用的结果使其化石表面出现矢状面和冠状面，断面的颜色和裂隙的纹理显示出明显的生物体管道、上皮组织等构造特点。

图 3.45　具矢状剖面和冠状剖面的化石

一组圆形或椭圆形化石（图 3.46）

化石产地：朝阳市麒麟山嘎岔村考察路线山体中部

地质年代：中元古代雾迷山组

外形描述：这是一组近似圆形或椭圆形的球形化石，化石嵌在深灰色、灰色的白云岩中，并突出于白云岩之上 1 cm，表面呈黑色、灰黑色或锈红色，锈红色化石表面风蚀现象明显，露出内部的黑色部分，直径为 6.4 ~ 7.8 cm。

一组椭圆形化石（横截面，图 3.47）

化石产地：朝阳市麒麟山嘎岔村考察路线山体中部

地质年代：中元古代雾迷山组

外形描述：这是一组圆形或椭圆形化石的横截面，截面几近平整，嵌在灰色

图 3.46 一组圆形或椭圆形化石

的白云岩中，并突出于白云岩之上 0.8～1.0 cm。第 1 图中化石长轴直径为 8.8 cm，短轴直径为 6.7 cm。第 2 图中短轴直径为 5.9 cm，长轴直径不完整，剩余的可见部分长为 6.1 cm。第 3 图是完整椭圆形化石，长轴直径为 5.9 cm，短轴直径为 5.1 cm。第 4 图化石截面完整，长轴直径为 6.2 cm，短轴直径为 5.9 cm。

有背腹之分的椭圆形矢状剖面化石（图 3.48）

化石产地：朝阳市凤凰山南端第一峰

地质年代：中元古代铁岭组

外形描述：这是一个嵌在灰色白云岩中，并突出岩石之上 3 cm 的椭圆形单体矢状剖面化石，剖面纹理显示出明显的生物体内部构造特点，背部稍隆起，腹面有一凹陷。化石全长 21 cm，最宽处为 8.06 cm。

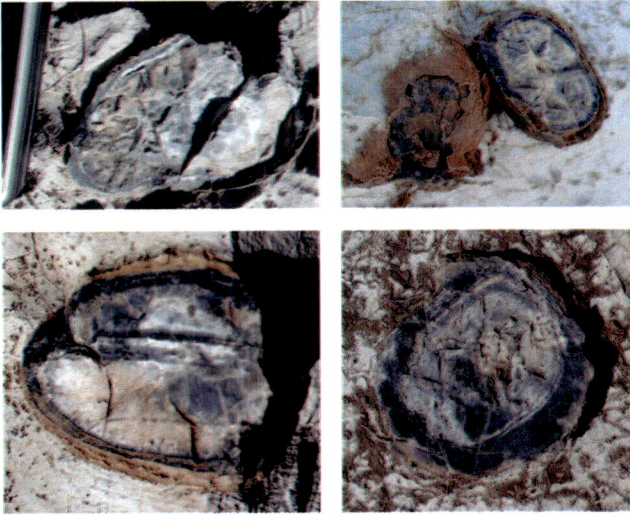

图 3.47 一组椭圆形化石截面

图 3.48 有背腹之分的椭圆形矢状剖面化石

3.1.6 元古身体前端包有圆形凸起的动物化石

圆球形有圆形结构凸起的矢状面化石（图3.49）

化石产地：朝阳市凤凰山南端第二峰

地质年代：中元古代铁岭组

外形描述：这是一个上部中央带圆形凸起的剖面化石，从化石剖面风蚀状态看，圆形凸起的中部与化石内部有一个纵向连通的结构，因此推断这个圆形凸起应为动物的口或咽的结构。化石嵌在深灰色坚硬的白云岩中，并突出于白云岩之上。球形剖面最大直径为 10 cm，宽为 7.5 cm，外围壁厚为 2.5 cm，里面凸出的球形直径为 3.8 cm，厚为 2 cm。

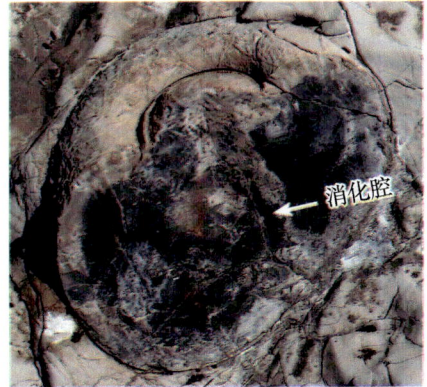

图 3.49 圆球形有圆形结构凸起的矢状面化石

中部凸出来一个似圆球状结构的半埋藏化石前面观（图3.50）

化石产地：朝阳市凤凰山南端第二峰

地质年代：中元古代铁岭组

外形描述：这是一个前端局部暴露在外的前面观化石，表面呈土红色，身体嵌在灰色的白云岩中，前端突出于岩石之上。化石前端好似伸

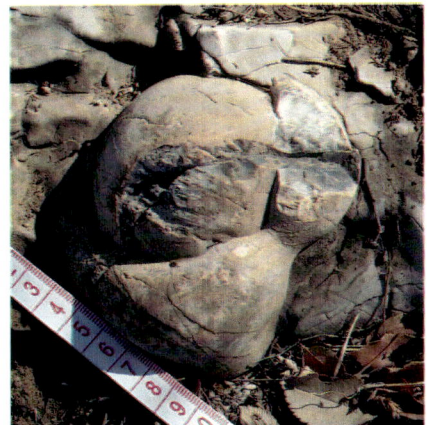

图 3.50 包裹球状结构的化石

出一个圆球状结构，球体顶部有一因风蚀作用形成的裂口，裂口处可见化石内部灰黑色的硅化特点和纹理，包围圆球结构的组织不规则。球体长轴直径为 7 cm，短轴直径为 6 cm，球体两侧的分叉部分均为 10 cm 长。

前端分叉包围圆形凸起的背面观半埋藏化石（图 3.51）

化石产地：朝阳市凤凰山南端第二峰

地质年代：中元古代铁岭组

外形描述：这是一块半埋藏背面观的动物化石，前端分叉中央包围着一个圆形凸起，圆形凸起中部的横向裂纹下部是由地质作用的因素形成的，上部则是天然微开的口的构造特点。

图 3.51 前端分叉有口的背面观半埋藏的化石

3.1.7 元古不规则形状的动物化石

硅化不规则的化石（图 3.52）

化石产地：朝阳市凤凰山南端第二峰

地质年代：中元古代铁岭组

图 3.52 硅化不规则的化石

外形描述：这是两个硅化不规则、截面为黑色的化石，嵌在深灰色的白云岩中，并突出于白云岩之上 0.85 cm，一个近似椭圆形，长轴直径为 7.6 cm，短轴直径为 5.3 cm。一个近似圆形，直径为 2.2 cm。左侧化石的形状很像只切到一个棘突的海参的横切面。

右侧有一个棒状结构的圆球剖面化石（图 3.53）

化石产地：朝阳市凤凰山南端第二峰

地质年代：中元古代铁岭组

外形描述：化石嵌在深灰色的白云岩中，并突出于白云岩之上 0.9 cm，化石全长 21 cm，圆形截面直径为 13 cm。地质作用使截面凹凸不平，但其内部的黑色浓重，硅化完全。以目前的化石状态不能判断出左侧圆球状结构与右侧棒状结构的关系。

图 3.53 有棒状结构的圆球形剖面化石

不规则形化石（图 3.54）

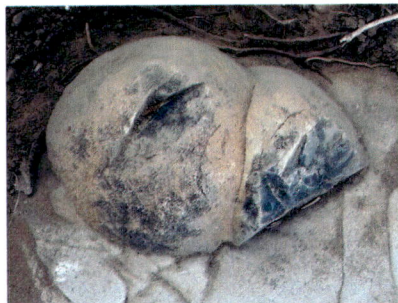

图 3.54　不规则形化石

化石产地：朝阳市麒麟山微波站山体中部

地质年代：中元古代雾迷山组

外形描述：该化石由近似圆球的构造与半圆球构造两部分组成，嵌在深灰色的白云岩中，并突出于白云岩之上 1 cm，化石表面为锈红色。其中左侧半圆球部分由于地质作用出现一个侧剖面，右侧圆球部分顶端有一个小的风蚀创面，均呈现黑色硅质和构造纹理。

有背腹之分的矢状剖面动物化石 1（图 3.55）

化石产地：朝阳市凤凰山南端第二峰

地质年代：中元古代铁岭组

外形描述：这是一个嵌在灰色的白云岩中的长椭圆形单体化石，突出于白云岩之上，全长 16 cm，最宽处为 5.6 cm，化石有明显的背腹之分，椭圆形的纵剖面上有黑、灰、黑两种颜色 3 个层次。

图 3.55　有背腹之分的矢状剖面动物化石 1

有背腹之分的矢状面动物化石 2（图 3.56）

图 3.56　有背腹之分的长椭圆形矢状剖面动物化石 2

化石产地：朝阳市凤凰山南端第二峰

地质年代：中元古代铁岭组

外形描述：这是一个嵌在灰色的白云岩中，并突出于白云岩之上 1.8 cm 的冠状面化石，化石全长 20 cm，最宽处为 7 cm，次宽处为 4.5 cm，最窄处为 3.2 cm。地质作用使得化石截面呈现搓裂状，并呈现硅化完全的黑、灰、白 3 种不同颜色，内部结构纹理明显。

有背腹之分的冠状面动物化石（图 3.57）

化石产地：朝阳市麒麟山嘎岔村

地质年代：中元古代雾迷山组

外形描述：长椭圆形冠状面化石嵌在灰色的白云岩中，并突出于白云岩之上。化石为浓重的黑色，有明显的背腹之分，背部略隆起，腹部扁平。从运动姿态看，该化石也有较明显的前后之别，左侧为

图 3.57　有背腹之分的冠状面动物化石

前端，右侧为后端。

背部半球状凸起似龟形动物的化石（图 3.58）

化石产地：朝阳市凤凰山南端第二峰

图 3.58　背部半球状凸起似龟形动物的化石

地质年代：中元古代铁岭组

外形描述：这是一个背部高高隆起成半圆形而腹部扁平的扁圆形化石，右侧圆筒状部位似动物头部，有深色圆形顶状结构、眼点，下方残缺处暴露出里面的圆筒状空腔结构。据此推测这是生活在水域底部进化较高等的动物。

一头大一头小的棒状动物化石 1（图 3.59）

化石产地：朝阳市麒麟山地震台考察路线上部

地质年代：中元古代雾迷山组

外形描述：该化石构造呈一头大一头小、中间稍细的棒状，侧向嵌入灰色白云岩中，并突出于白云岩之上，化石表面土红色，地质作用使化石小头一侧有风蚀的创口，大头一侧形成左前右后的斜向横剖面，后端缺失，断面黑色和深灰的纹理显示出生物体内部构造特点。全长 26 cm，最宽处为 5.6 cm，最细处为 2.3 cm。

图 3.59　一头大一头小的棒状化石 1

一头大一头小的棒状化石 2（图 3.60）

化石产地：朝阳市麒麟山微波站山体中部

地质年代：中元古代铁岭组

外形描述：这是个一头大一头小的棒状化石，腹面嵌在灰色白云岩中，并突出于白云岩之上，表面为土红色。从运动姿态上判断小头一侧为前端，地质作用使后部出现一铲状冠状

图 3.60　一头大一头小的棒状化石 2

剖面，背部缺失，暴露出的化石内部为黑色，剖面纹理有些部位明显体现生物体内部构造特点。化石全长 12.8 cm，最宽处为 7.3 cm，最细处为 2.8 cm。

一头大一头小的棒状化石 3（图 3.61）
化石产地：朝阳市麒麟山嘎岔村

图 3.61 一头大一头小的棒状化石 3

地质年代：中元古代铁岭组
外形描述：前端小后部大的棒状冠状面化石，腹部嵌在灰白色的白云岩中，通体呈现浓重的墨黑色。化石全长 30 cm，前端最窄处只有 2.8 cm，前部分长为 20 cm 且呈扁圆形；后部分宽为 6.25 cm，地质作用的结果使其形成天然凹凸不平的冠状面，从而看到里面有一黑色中轴及左右对称的内部构造纹理。

一头大一头小的棒状化石 4（图 3.62）
化石产地：朝阳市麒麟山兵人城堡南坡

图 3.62 一头大一头小的棒状化石 4

地质年代：中元古代铁岭组
外形描述：该化石是一头大一头小通体皆为黑色棒状的冠状面化石，腹面嵌在灰色的白云岩中，并突出于白云岩之上 1～1.5 cm，全长 62 cm，前端最宽处为 9 cm，中部窄处为 6.4 cm，后部最宽处为 13.6 cm，该化石剖面硅化的颜色和纹理能表现出生物体内部构造的特点。

中间细有前后和背腹之分的动物化石（图 3.63）
化石产地：朝阳市麒麟山嘎岔村
地质年代：中元古代铁岭组
外形描述：该化石为一侧面观化石，嵌在深灰色的白云岩中，并突出于岩石之上，化石通体黑色，体长 18 cm，最宽处为 4 cm，从运动姿态上判断左侧为动物前端，且很像昆虫幼虫的头部，地质作用使得化石呈现前部矢状剖面与后部的矢状剖面层面相距 1 cm。

图 3.63 中间细有前后和背腹之分的动物化石

图 3.64 形似草履虫的化石

形似草履虫的化石（图 3.64）
化石产地：朝阳市麒麟山嘎岔村

地质年代：中元古代铁岭组

外形描述：化石嵌在灰白色的白云岩中并突出于白云岩之上 0.8 cm，体长约 7.8 cm，体宽 2.1 cm。化石通体黑色，其中右侧化石像正在向里游动的鱼，左侧化石像一个放大的草履虫。

岩石沉积及化石分布（图 3.65）

化石产地：朝阳市麒麟山嘎岔村

地质年代：中元古代铁岭组

外形描述：该处化石是硅质呈黑色，个体较大，岩石沉积及化石分布呈现出明显的韵律。

图 3.65　岩石沉积及化石分布

长条状剖面化石 1（图 3.66）

化石产地：朝阳市麒麟山微波站山体中部

图 3.66　长条状剖面化石 1

地质年代：中元古代铁岭组

外形描述：长条状化石嵌在深灰色的白云岩中，并突出于白云岩之上 0.8 cm，化石表面为黑色，体长为 29 cm，宽为 8 cm，由于地质作用呈搓裂状，化石剖面的颜色和纹理能体现出生物体内部构造特点。

长条状化石 2（图 3.67）

化石产地：朝阳麒麟山微波站山体中部

地质年代：中元古代铁岭组

图 3.67　长条状化石 2

外形描述：长条状化石嵌在深灰色的白云岩中，并突出于白云岩之上 0.8 cm，化石表面为黑色，因地质作用呈搓裂状，体长为 33 cm，宽为 7 cm。

橄榄形背面整体观化石（图 3.68）

化石产地：朝阳市麒麟山微波站山体中部

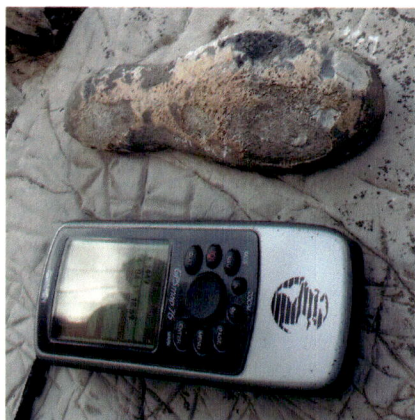

图 3.68　橄榄形背面整体观化石

地质年代：中元古代雾迷山组

外形描述：橄榄形背面整体观化石，嵌在深灰色白云岩中，突出于岩石之上1 cm。化石表面为锈红色，因风蚀影响部分露出化石内部呈黑色。化石全长16.1 cm，最宽处为2.6 cm，最细处为1.7 cm。

背面有两个相连的圆球形构造的动物化石（图3.69）

图3.69　背面有两个相连的圆球形构造的动物化石

化石产地：朝阳市麒麟山微波站山体中部

地质年代：中元古代雾迷山组

外形描述：两个灰黑色半圆形的化石成为一体，附着在下面锈红色的长形化石之上，二者一同嵌在灰色的白云岩之上，两个球形化石大小相当，直径为6 cm，其下的长形化石长为20 cm。

食肉动物化石1（图3.70）

化石产地：朝阳市凤凰山南端第一峰

地质年代：中元古代雾迷山组

外形描述：化石底部嵌在灰白色坚硬的白云岩中，化石总长10.5 cm，厚1 cm，其中捕食者体长为8 cm，宽为3.5 cm，被捕食者体长为7.5 cm，宽为2 cm，捕食者已将被捕

图3.70　食肉动物化石1（正在吞噬中）

食者约1/2的身体吞入体内，体表非常明显的体节已经进入捕食者的口内。右侧个体将左侧个体吞噬了一部分，说明右侧的个体是食肉动物化石。

食肉动物化石2（图3.71）

化石产地：朝阳市凤凰山南端第一峰

地质年代：中元古代雾迷山组

外形描述：化石底部嵌入灰白色坚硬的白云岩中，背部被风蚀成冠状剖面观化石，暴露在岩层表面，被捕食者是有一定体节分化的动物。

图3.71　食肉动物化石2（正在吞噬中）

该化石总长13 cm，其中捕食者体长为7 cm，宽为4.5 cm，被捕食者体长为7.5 cm，宽为2.2 cm。捕食者已将被捕食者约1/3的身体吞入体内，上侧体节露在口外，下侧同一体节刚好进入捕食者口中已

与其喙对齐。由于捕食者后端和前部分没在一个平面，所以暴露的部分还没有被捕食者长。

食肉动物的化石 3（图 3.72）
化石产地：朝阳市凤凰山第二峰

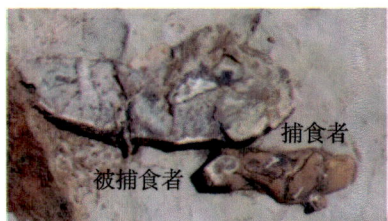

图 3.72　食肉动物化石 3（正在吞噬中）

地质年代：中元古代铁岭组
外形描述：该化石底部嵌入深灰色坚硬的白云岩中，是背部暴露在外的背面观化石，化石总长 8.5 cm，厚度约 1 cm，其中捕食者体长为 7.5 cm，宽为 3 cm；该标本口的边缘纹路和轮廓清晰可见，捕食者正在吞噬另一个动物，被捕食者还有一部分身体长约为 1 cm，宽为 1 cm，暴露在捕食者的口外。食肉动物化石上方有一枚个体较大的化石。

半剖面半实体化石 （图 3.73）
化石产地：朝阳市凤凰山第二峰
地质年代：中元古代铁岭组
外形描述：这是一结构复杂的半剖面半实体化石，嵌在灰色的白云岩中，且实体化石大部分突出于白云岩之上，化石由 3 个半球形部分组成，左侧的两个球形构造表面完整，几近锈红色，右侧的半球形呈现剥蚀的冠状剖面，内部黑色中部有腔系结构。化石最长处为 9 cm，宽为 7 cm。

图 3.73　半剖面半实体化石

似双壳类化石 （图 3.74）
化石产地：朝阳市凤凰山第二峰
地质年代：中元古代铁岭组
外形描述：这是一带有环形生长线，左下部有一扇状结构的椭圆形化石，嵌在深灰色的白云岩中并明显突出于岩石之上。化石表面为锈红色，地质作用使得化石发生错裂，暴露出化石内部的黑色。化石长 9.5 cm。宽为 4.5 cm。

图 3.74　似双壳类化石

有环形生长线的化石 （图 3.75）
化石产地：朝阳市凤凰山第二峰

地质年代：中元古代铁岭组

外形描述：这是一具有环形生长线的化石，嵌在灰色的白云岩中并突出于白云岩之上。化石表面为锈红色，因地质作用化石上部表面部分缺失，露出内部浓重的黑色。

图 3.75　有环形生长线的化石

保存相对完整的动物化石（图 3.76）

化石产地：朝阳市麒麟山北坡

地质年代：中元古代雾迷山组

外形描述：这是两个形状完全不同的比较完整的背面观动物化石，身体嵌入灰白色白云岩中较少，而突出于白云岩的部分较多，好似蠕虫浮于岩石的表层，形态栩栩如生。

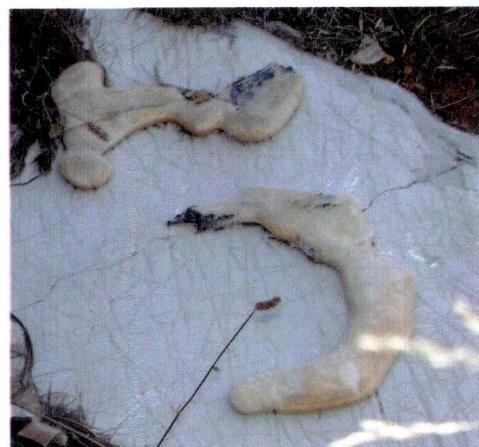

图 3.76　保存相对完整的动物化石

有圆形结构带血色的动物化石（图 3.77）

化石产地：朝阳市麒麟山荒甸子北

地质年代：中元古代雾迷山组

外形描述：这是嵌在灰色白云岩中突出于岩石之上的多个形状不规则有血色的化石群，有的个体身体端部有一显著的圆形结构，有的个体的自然剖面显示出内部清晰的构造纹理。

图 3.77　有圆形结构带血色的动物化石

体侧嵌入白云岩间的动物化石（图 3.78）

化石产地：朝阳市麒麟山南坡

地质年代：中元古代雾迷山组

外形描述：这是一个长椭圆形体侧嵌入灰色白云岩间水平构造中的动物化石，腹面平直，背面两侧有两个略微凸起的圆形构造，中部稍凹，长轴直径为 12.8 cm，可见部分的短轴直径为 4.0 cm。因地质作用呈现出两个剖面，横剖面和冠状面均呈黑色，与化石表面的土红色形成明显的色差。

图 3.78　体侧嵌入白云岩间的动物化石

形似哨子的不规则动物化石（图 3.79）

化石产地：朝阳市麒麟山地震台考察
路线山体中部

地质年代：中元古代雾迷山组

外形描述：这是一个呈锈红色似口哨
嵌在灰白色白云岩中的化石，表面呈现凹
凸不平、参差不齐的现象，长轴直径是
9.2 cm，短轴直径是 4.0 cm。

似蠕虫的化石（图 3.80）

化石产地：朝阳市麒麟山北坡

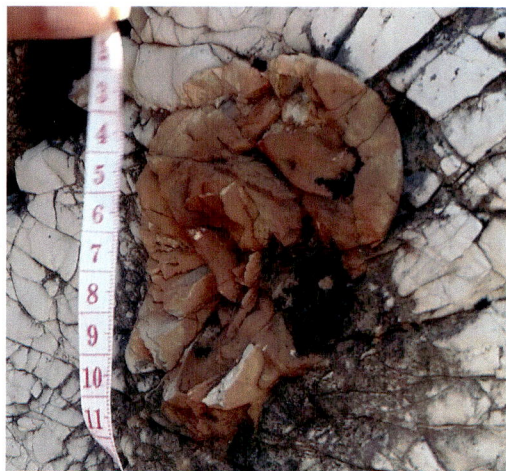

图 3.79 形似哨子的不规则动物化石

地质年代：中元古代雾迷山组

外形描述：化石嵌在灰色的白云岩中，
似蠕虫，通体为锈红色，突出于白云岩之上
0.8 cm，虫体长 10.2 cm。形体保存了非常自然
的运动状态，说明它们是经历了非常突然的地
质事件死亡的。

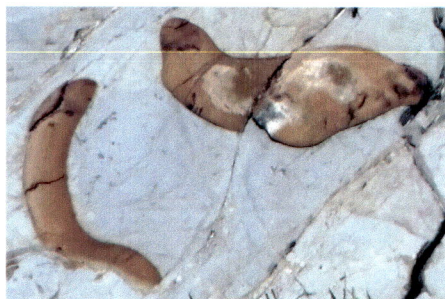

图 3.80 似蠕虫的化石

鱼形化石（图 3.81）

化石产地：朝阳市麒麟山北坡

地质年代：中元古代雾迷山组

外形描述：外形呈锈红色的化石。化石
保存了比较自然的生命形态。

图 3.81 鱼形化石

带膨突似蠕虫的动物化石（图 3.82）

化石产地：朝阳市麒麟山地震
台考察路线上部

地质年代：中元古代雾迷山组

外形描述：外形似蠕虫，体形
完整的锈红色背面观化石，体长约
13.6 cm，宽约 2.8 cm。身体有 10 余
个膨突部位，左侧第二个膨大处向
外伸出一个膨大的分支构造。

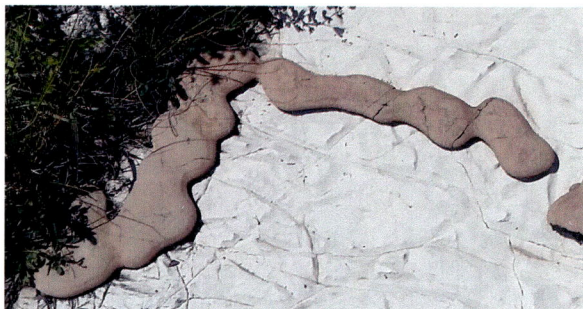

图 3.82 带膨突似蠕虫的动物化石

带膨突有分支的动物化石（图 3.83）

化石产地：朝阳市麒麟山地震台考察路线上部

地质年代：中元古代雾迷山组

外形描述：图中上方的是由多个圆形的构造连成一体的背面观化石，前端有分支，从风蚀的部位可以看到化石内部黑色硅化的特点；图中下方的化石既显示出了由多个膨大形成的蠕虫状动物体形的特点，同时因地质作用形成的剖面部分，又充分显示出黑色硅质燧石条带的特点。

图 3.83　带膨突有分支的动物化石

长条状似蛇的化石（图 3.84）

化石产地：朝阳市麒麟山地震台考察路线上部

地质年代：中元古代雾迷山组

外形描述：化石嵌在灰色的白云岩中，并突出于白云岩之上 0.8 cm，化石呈长条状且有分支，与图 3.82 和图 3.83 的个体身体上有规律的膨大不同，它的体形是游动状态而没有明显的膨大构造。该类化石体长基本在 75~120 cm 之间。

图 3.84　长条状似蛇的化石

不规则形化石组（图 3.85）

化石产地：朝阳市麒麟山地震台考察路线上部

地质年代：中元古代雾迷山组

外形描述：这是一组嵌在灰色和银灰色白云岩中的锈红色化石，化石形状不规则，呈现分支分节现象。因地质作用露出内部的部分呈黑色。

图 3.85　不规则形化石组

大量化石集中在一块岩石上（图 3.86）

化石产地：朝阳市麒麟山地震台南坡

岩石特点描述：这一巨大岩石呈不规则菱形，横向对角线为 140 cm，纵向对角线为 165 cm，岩石高度约为 100 cm，地质作用的结果使它完全突出于山体之上，不仅表层有非常密集的各类化石分布，从岩石的侧面看岩石中也埋藏了许多层化石。

图 3.86　大量化石集中在一块岩石上

有大型分支包裹球状化石的不规则化石（图 3.87）

化石产地：朝阳市凤凰山南第二峰

地质年代：中元古代铁岭组。

外形描述：生物体的形态构造非常复杂，多处可见腔系构造。

图3.87　有大型分支包裹球状化石的不规则化石

图3.88为大型分叉、结构复杂的化石。左一和右下图与图3.49、图3.50和图3.51具有相同的结构特征，中部有一个圆形的凸起。这组大型有分支结构复杂的化石，化石表面呈锈红色，嵌在灰色的白云岩中，分叉处常包裹着球状化石且形状不规则。

图3.88　大型分叉，结构复杂的化石

中部带孔的化石（图3.89）

化石产地：朝阳市麒麟山地震台考察路线
　　　　　上部

地质年代：中元古代雾迷山组

外形描述：化石形状不规则，表面呈锈红色，边缘有缺失，嵌在灰色的白云岩中并突出于白云岩之上，但可见其身体中部有个椭圆形

图3.89　中部带孔的化石

的孔，孔内的灰色物质应该是因地质作用将其周围的白云岩填充其中形成的。

圆形且能显示一定构造的动物化石（图3.90）

化石产地：朝阳市凤凰山南端

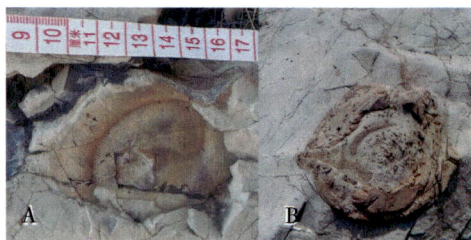

图 3.90　圆形且能显示一定构造的动物化石

地质年代：化石 A 为中元古代铁岭组，化石 B 为中元古代雾迷山组

外形描述：化石 A 大部分嵌入白云岩中，下部分和右侧完全被白云岩包埋，没有暴露，地质作用的结果，使得暴露的化石外观为半圆形，上部分边缘不完整，中间部分的构造有近似太极的图案。其暴露的部分化石长为 7.5 cm，宽为 6.5 cm；化石 B 近似圆形，上下径为 11.7 cm，左右径为 14.2 cm，身体中间有一左尖右圆的构造。

中间有凹陷的化石（图 3.91）

化石产地：朝阳市凤凰山第二峰

地质年代：中元古代铁岭组

外形描述：化石嵌入白云岩中，可见化石外观中间有明显的近于椭圆形的凹陷，化石长为 11 cm，宽为 10 cm，中间的凹陷长为 4.8 cm，宽为 3.5 cm。

图 3.91　中间有凹陷的化石

有两个圆形凸起的化石（图 3.92）

化石产地：朝阳市麒麟山微波站山体中部

地质年代：中元古代雾迷山组

外形描述：两个灰黑色半圆形的化石成为一体，附着在锈红色的长形化石之上，二者一同嵌在灰色的白云岩之上，两个球形化石大小相当，直径为 6 cm，其下的长形化石长为 20 cm。

图 3.92　有两个圆形凸起的化石

一端有圆形凸起的化石（图 3.93）

化石产地：朝阳麒麟山微波站山体中部

地质年代：中元古代雾迷山组

外形描述：化石嵌在坚硬的深灰色白云岩中，并突出于白云岩之上 0.8 cm，化石表面通体为锈红色，表面部分风化，露出内里的黑色部分，化石全长 16.4 cm，宽为 7.5 cm，中间宽为 4.5 cm，两端的中央均有一近似圆形的

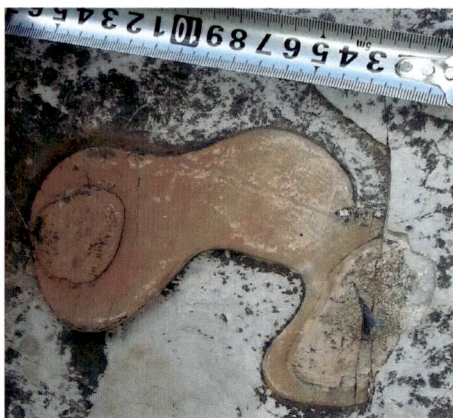

图 3.93　有圆形凸起的不规则化石

凸起，直径约为 3 cm。

有椭圆形凸起的化石（图 3.94）

图 3.94　有椭圆形凸起的化石

化石产地：朝阳市麒麟山微波站山体中部

地质年代：中元古代雾迷山组

外形描述：化石嵌在坚硬的深灰色白云岩中，并突出于白云岩之上 0.8 cm，右侧化石不完整。露出的化石表面通体为锈红色，部分风化露出内部黑色硅质，左侧化石的中央有一椭圆形凸起并与图 3.93 有相似的特点，下面的大椭圆形长轴直径为 6.8 cm，短轴直径为 5.4 cm，凸起的椭圆形长轴直径为 4 cm，短轴直径为 2.6 cm。

边缘部分缺失的冠状面化石（图 3.95）

化石产地：朝阳市麒麟山微波站山体中部

地质年代：中元古代雾迷山组

外形描述：椭圆形化石嵌在坚硬的深灰色白云岩中，并突出于白云岩之上 0.8 cm，化石边缘部分缺失，冠状面呈锈红色，截面平整，可见部分的长轴直径为 24 cm，短轴直径为 23 cm，上下面宽为 5 cm，侧面宽为 3 cm。

图 3.95　边缘部分缺失的冠状面化石

似蠕虫的化石（图 3.96）

化石产地：朝阳市麒麟山微波站山体中部

地质年代：中元古代雾迷山组

外形描述：蠕虫状化石嵌在坚硬的深灰色白云岩中，并突出于白云岩之上 0.8 cm，化石表面为锈红色，呈现出明显的风蚀现象，表面部分露出黑色的内里，化石全长 22 cm，宽约 7 cm。蠕动状态栩栩如生。

图 3.96　似蠕虫的化石

一头尖另一端扩展的动物化石（图 3.97）

化石产地：朝阳市麒麟山微波站山体中部

地质年代：中元古代雾迷山组

化石描述：两个化石形状略有相似之处，一头尖，另一端扩展，上面都有圆形构造，左侧个体扩展一端向三面凸出，右侧个体扩展端向两面凸出。二者呈现的都是自然运动的状态。

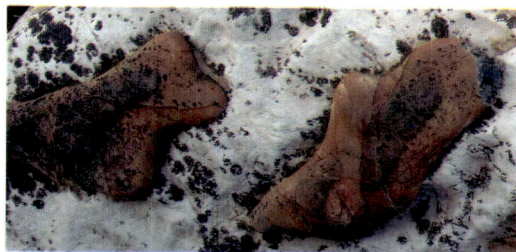

图 3.97　一头尖另一端扩展的动物化石

不规则形化石 2（图 3.98）

化石产地：朝阳市麒麟山微波站山体中部

图 3.98　不规则形化石 2

地质年代：中元古代雾迷山组

外形描述：不规则状化石嵌在坚硬的深灰色白云岩中，并突出于白云岩之上 0.8 cm，化石表面为锈红色，风蚀部分露出内部呈黑色，全长 29 cm，最宽处为 6 cm，最窄处为 4.5cm。

蠕虫状化石（图 3.99）

化石产地：朝阳市麒麟山微波站山体中部

地质年代：中元古代雾迷山组

外形描述：化石嵌在灰色的白云岩中，并突出于白云岩之上 0.8 cm，化石表面呈锈红色，而且有明显的风蚀现象，全长 15.6 cm，宽 5 cm。

图 3.99　蠕虫状化石

榔头形化石（图 3.100）

化石产地：朝阳市麒麟山微波站山体中部

地质年代：中元古代雾迷山组

图 3.100　榔头形化石

外形描述：化石嵌在灰色的白云岩中，并突出于白云岩之上 0.8 cm，全长 19 cm，左侧上下宽约 13 cm。

多个化石集中分布在一块岩石上（图 3.101）
化石产地：朝阳市麒麟山微波站山体中部
地质年代：中元古代雾迷山组

该化石为多个生物体同时死亡，说明当时发生了一个重大的地质事件。

图 3.101　多个化石集中分布在一块岩石上

前端尖的动物化石（图 3.102）
化石产地：朝阳市麒麟山微波站山体中部
地质年代：中元古代雾迷山组
外形描述：化石嵌在灰色的白云岩中，并突出于白云岩之上 1.6 cm，化石表面呈土黄色，形状不规则的冠状面，其长约为 14 cm，宽约为 7 cm。

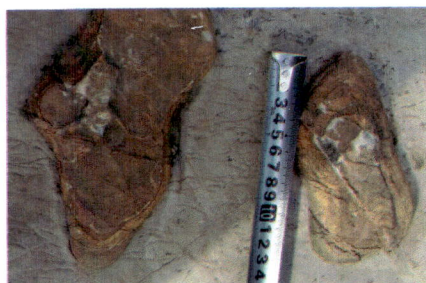

图 3.102　前端尖的动物化石

体形较大的动物化石（图 3.103）
化石产地：朝阳市麒麟山微波站山体中部
地质年代：中元古代雾迷山组
外形描述：化石嵌在灰色的白云岩中并突出于白云岩之上 1.6 cm，化石表面呈土黄色，多个化石集中在灰色的白云岩中，这是个较大的个体，体长达 34 cm，最宽处约为 11 cm，最窄处约为 5.5 cm。

图 3.103　体形较大的动物化石

3.2 凤凰山宏观实体藻类植物化石

宏观实体藻类化石是指那些肉眼可见的低等藻类化石，常常以碳质薄膜方式保存在富泥质的岩石之中，一般以膜片状出现。宏观藻类化石一般为多细胞叶状体、丝状体藻类化石，存在于叠层石中，与现代藻类的亲缘关系尚未完全确定，但是这类化石是前寒武纪生物界真正代表，因此对探讨后生植物的起源与演化以及前寒武纪地层对比均具有重要意义。

辽宁省朝阳市凤凰山位于朝阳市城区东部 4 km 处，最高峰海拔 660 m，在凤凰山景区核心地带的岩石上有大量肉眼可见的宏观藻类植物化石。纵观已知的各类藻类化石标本，其宽度或直径大多是毫米级的，达厘米级的极为少见。但凤凰山藻类植物的化石标本多数具有上下之分，不仅在体型上达到了厘米级，而且可见完整的植物体形态，是已达一定进化水平的宏观藻类，尤其是其中的大中型藻类可能具有时代的代表性，并可能成为潜在的标准化石。

凤凰山宏观藻类化石由于年代古老，化石与围岩融为一体形成坚硬的碳酸盐岩石，用普通的方法已不能轻易地把它们与围岩分离，也无法认清其原始的结构。所以，课题组白天莹、刘守华教授和植物学研究生张莺讲师、分子生物学研究生廉玉利副教授采用酸浸解法让部分藻类化石与围岩分离，制成化石磨片并利用光学显微镜观察其组织结构，以及用电子显微镜扫描观察细胞的亚显微结构，用 3 种不同的方法来进行观察对比，以便从多个层面确认凤凰山藻类化石的形态结构特点及在系统演化中的意义。

3.2.1 酸浸泡处理蕴含实体藻类的化石

为了证明凤凰山含藻类植物纹理的岩石是藻类植物化石，先将采集来的岩石标本样品作酸处理。由于凤凰山的岩石成分主要以碳酸盐类为主，随处可见灰色、深灰色含藻类化石的碳酸盐类岩石，所以对凤凰山藻类化石的验证选择酸浸泡法处理。

(1) 蕴含藻类岩石的采集。选择地层出露完整、界线清楚、构造简单、含化石或有机质丰富的地段测量剖面，选择采样点，采集时注意避开可以引起岩性次生变化的各种因素，如侵入体的接触蚀变、构造破碎蚀变、接近地表的氧化层和第四纪生物群落的各种污染，一般要对样品岩石进行处理，去掉风蚀面，露出岩样的新鲜断面，对样品化石的各个面进行编号及拍照，以便与处理后的样品对照比较。

(2) 蕴含藻类岩石的酸浸泡处理。岩性特点不同，处理程序也不同，对于以碳酸盐为主的凤凰山的藻类化石选取酸性较弱的草酸进行处理。其主要目的是通过草酸除去样品中碳酸盐和硅质胶结物，使藻类化石突显并使能溶解于草酸的无机盐类大量分解，使样品中的有机物成因逐步突显出来。

其步骤如下：

第一步：先用蒸馏水洗净样品，去掉硬质沉积物上的一些残余风化层。

第二步：取 1000 ml 容积的烧杯，将样品放入杯中，同时加入浓度为 5% 的草酸溶液，用量大约超过样品一倍，可见溶液中气泡徐徐出现。将烧杯放入通风橱，反应 1 周后再用蒸馏水冲洗样品。拍照对比。

现将草酸处理过后的含藻类岩石的图片列举如下：

处理前的样品（图 3.104）：

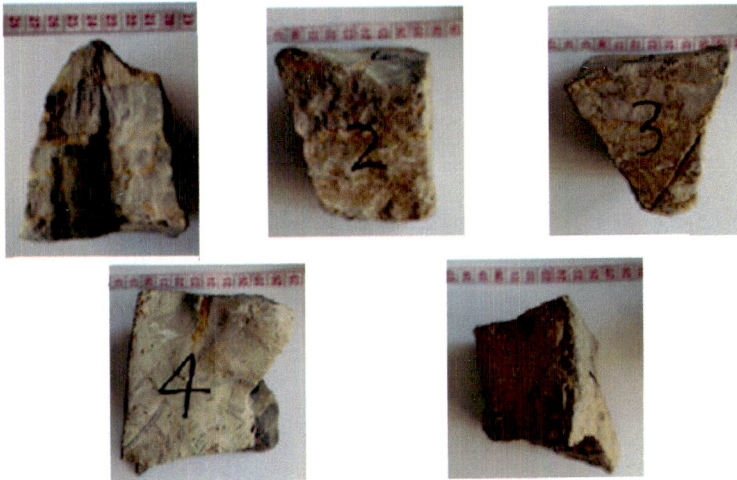

图 3.104　处理前的样品

处理后的样品（图 3.105）

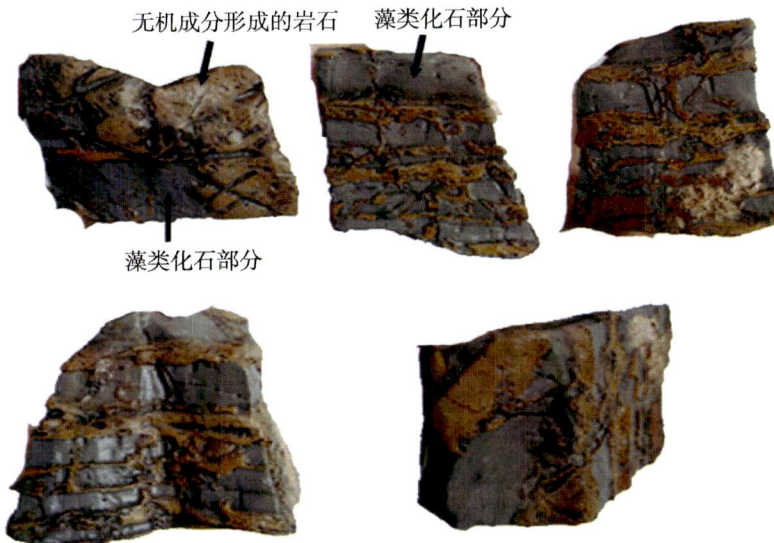

图 3.105　酸处理后的样品

通过图片对比分析可见，经过草酸浸泡处理过的岩石样品，其碳酸盐部分被草酸溶解，藻类化石的部分表层已被全部溶解，而无机成分的岩石部分突显出来。草酸浸泡法处理过的碳酸盐岩石部分与藻类化石部分泾渭分明。前人的研究方法是提取草酸浸泡液进行微体古生物研究，观察到里面存在大量藻类植物细胞，证明叠层石是由藻类细胞的聚合体形成的，同时证明了藻类化石是碳酸盐性质的，其结果可以作为凤凰山岩石中蕴含藻类化石的证据之一。图 3.105 中褐色的无机成分非常坚硬，上面有许多藻类植物的花纹，其实是被溶解掉的藻类植物部分的印模。

本课题借鉴了前人的研究方法，在此基础上将岩石中我们认为是宏观藻类植物部分制成磨片并进一步进行化石的显微结构研究。

3.2.2 微观探究凤凰山实体藻类植物化石

3.2.2.1 光学显微镜观察凤凰山藻类岩石薄片

辽西地区作为化石的多产地区，在朝阳凤凰山可能存在多种类型的实体宏观藻类化石。对其所进行的岩石磨片常规光学显微镜观察，观察到疑似原始多细胞组织分化和疑似的细胞亚显微结构。这表明凤凰山地区有存在实体宏观藻类化石的可能，为更加深入了解漫长的前寒武纪生命演变提供了实际的材料。

将凤凰山最常见的含有藻类的岩石做成磨片进行研究，鉴于岩石磨片的厚度不匀和透光性较差，在光学显微镜下，可选择磨片的边缘和透光好的部分进行观察。

凤凰山最为常见的含藻类的岩石——凤凰山具柄藻岩石，将其制作成岩石磨片，在常规光学显微镜下观察，这些宏观藻类岩石磨片显示出多细胞组织的特点。如图 3.106 所示，在40 倍物镜 ×10 倍目镜的光学显微镜下观察可以清晰地看到凤凰山具柄藻藻体有明显的组织分化。不同组织的细胞在形态、大小和密集程度等方面显示出不同细胞组织所具有的明显差异。最外层为表皮，向内为成熟组织，最

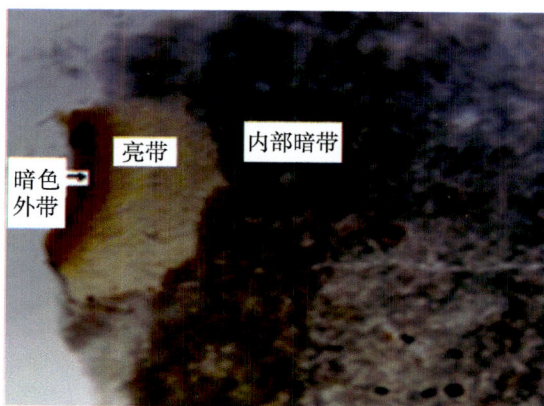

图 3.106　凤凰山具柄藻光镜化石磨片图片

内侧为薄壁细胞。这种分层结构已经露出了凤凰山具柄藻向高级藻类进化的端倪。

凤凰山具柄藻岩石磨片自外向里可以分为明显的 3 个带，即暗色外带、亮带和内部暗带。这些特征与岩石中的碎屑极易区别，后者呈棱角状、颗粒状，矿物成分单纯，通体均一且粒度较细，分布杂乱。

（1）暗色外带：在磨片中呈褐色，结构不清，可能为碳质薄膜，厚度为 3~5 mm。可看作是藻体的表皮，起到了保护作用，但考虑到其厚度不厚，判断此藻体的生活环境应该在浅海区。

（2）亮带：内部常呈斑杂状，分布不规则，隐约显示多孔特征。此亮带可看作是藻体的成熟组织，对藻体起到了支持的作用，使其在受到海水波动时，不易被折断。

（3）内部暗带：可明显看到若干层细胞，与后方岩石的组成有明显的区别。此暗带的厚度较前两层而言，较厚，可判断此层应该是藻体的薄壁组织，其中可能含有同化结构，可以进行光合作用，使凤凰山具柄藻成为自养型植物。

对比现代褐藻门的代表藻类海带纵切面的显微结构与凤凰山具柄藻化石的显微结构（图 3.107），两者具有非常相似的结构。

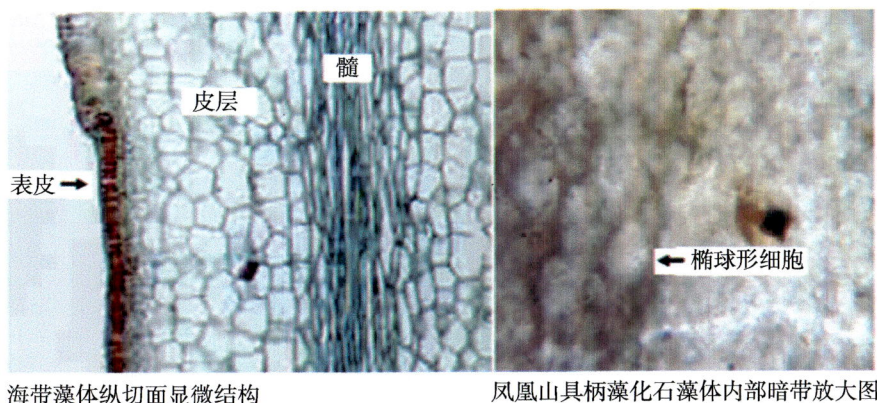

海带藻体纵切面显微结构　　　　　凤凰山具柄藻化石藻体内部暗带放大图

图 3.107　海带与凤凰山具柄藻化石的显微结构比较

将凤凰山具柄藻藻体的内部暗带继续放大观察，可以清楚地看到若干层细胞排列在一起的球形或椭球形细胞，而且每层细胞的排列均显示出了植物中薄壁细胞的特性：细胞大，排列整齐，紧密。此细胞可看作是成熟组织中的同化细胞，用来进行光合作用，产生有机物质，为藻体的生存提供养料。

褐藻是一群古老的植物，在志留纪和泥盆纪的沉积物中，发现有类似海带的化石，最可靠的化石地质年代为三叠纪。

凤凰山具柄藻化石有着明显的藻类植物结构，不仅具有一定的厚度，而且拥有明显的表皮、皮层和髓 3 层结构，与褐藻相比较二者的显微结构也十分相似，所以，我们认为这两类藻体有一定的亲缘关系。这是将凤凰山具柄藻归为褐藻的证据之一。

凤凰山藻群中的优势种是外形轮廓简单的绳状藻体，凤凰山绳藻化石藻体轮廓明显，边缘平直，宽度自上而下均匀，有特征相近的皮层和髓部结构，藻体柔软易扭曲，呈不均匀分散分布于层面上，相互重叠，可见数量众多（图 3.108）。

在凤凰山绳藻岩石磨片中可以清晰地看到一条绳状的

图 3.108　凤凰山绳藻化石

藻体，具有一定的厚度，这些特征与岩石中的碎屑极易区别。在磨片中可以清晰地看到藻体有明显的组织分化，应为有一定厚度的外表皮和颜色较为明亮的相对较厚的成熟组织。

化石磨片自外向里可以分为明显的 3 个带，即暗色外带、具有一定厚度的亮带，暗色外带。如图 3.109。

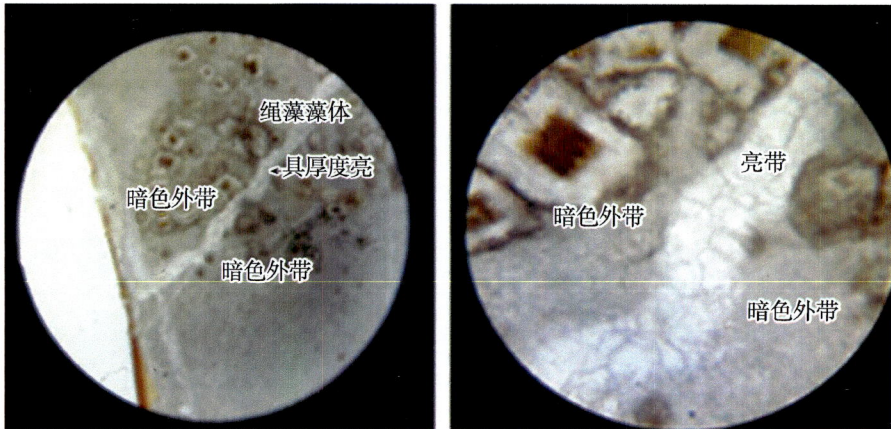

图 3.109　凤凰山绳藻化石显微结构图

（1）暗色外带：在磨片中结构不清，可能为碳质薄膜，厚度不明显。前端圆钝。但可以明显地将其作为界限把藻体与岩石区分开来。将其看作是一条跟绳藻结构十分相近的藻类。

（2）一定厚度的亮带：具有明显的可观察的厚度，在其中可隐约显示一些多细胞的结构。

凤凰山绳藻与现生绳藻相比较，两者之间有着十分相似的地方。

绳藻，藻体褐色，长绳状，单条，黏滑，基部实质，中上部中空，尖端细。具盘状固着器，生长在低潮带岩石上。

我们将绳藻的显微结构继续放大，可以清楚地观察到其生物学特征：

（1）暗色外带：厚度较厚，可判断为藻体的表皮层，其由厚壁细胞组成，起到了保护作用，考虑到其厚度较厚，判断此藻体应该生长在深海区。另外，在两侧的表皮层中都发现了多细胞形成的相似的菱形结构，它的功能还有待进一步研究。

（2）一定厚度的亮带：明显的多细胞结构，呈不均匀分散状，分布于一个层面上，相互重叠，可见数量众多。由此判断藻体在三维立体空间中应该是呈圆柱体的形态。此层应该是藻体的同化结构，通过细胞中的类囊体进行光合作用，合成藻体赖以生存的有机物。

与现代褐藻门的代表藻类绳藻的藻体横截面图对比，结果表明凤凰山绳藻化石与绳藻的切面放大图，有着非常相似的结构。

通过对比观察凤凰山绳藻，其形态和显微结构与褐藻海带目的绳藻非常相似。凤凰山绳藻有明显的藻类植物结构，具有一定的厚度，又拥有进行光合作用的薄壁细胞，我们认为其与绳藻可能有亲缘关系。

研究结果表明：制作的岩石磨片中所存在的藻类，不论是从组织结构上，还是从单个细胞的形态上，均与现存藻类有着十分相似的结构，因此证明凤凰山的岩石中含有宏观藻类化石。

3.2.2.2 电子显微镜观察凤凰山藻类岩石薄片

对岩石磨片的光学显微镜观察表明，宏观藻类化石显示出较为明显的原始多细胞组织以及可能的细胞显微结构，这一特征与白齿状构造的宏观形态及其特殊的微亮晶方解石填充物形成明显的区别。这一较为罕见的现象，为探讨高等后生植物的起源与演化、破解长期争论不休的宏观藻类化石的生物学属性提供了一个极好的实例，因而本研究具有极为重要的意义。

在光学显微镜下，凤凰山的宏观藻类化石显示出原始多细胞可能出现组织分化的情况，不同组织的细胞在形态、大小和密集程度等方面显示出较为明显的差异，我们根据可能的细胞显微结构推断，这些原始多细胞组织包括可能的原始分生组织和诸如薄壁的原始成熟组织，以及中间的髓部、边缘带。但是细小的细胞未显示出显微结构。

现将凤凰山含藻类植物的碳酸盐岩石取新断面制作成截面为 $2\ cm^2$ 厚为 $0.5\ cm$ 的标本，不抛光，直接镀金使其具有导电性，抽真空后在电子显微镜下观察。发现了许多植物细胞的亚显微结构，从而进一步证明了凤凰山的岩石中含有藻类化石。图 3.110 是放大 1000 倍时捕获的 2 号标本显微结构图像，具有明显的植物细胞特征。植物细胞有细胞壁，在电镜下看到的是一个个明显的多边形立体细胞，而动物细胞因没有细胞壁，在观察其电镜图像时其细胞的形态很难辨别清楚，这是动、植物亚显微结构的显著区别之一。标本的多层次构造十分明显，细胞排列紧密，有规则地分布在一个平面上。能明显分清细胞形态、细胞间隙和细胞腔隙。有大型细胞、小型细胞和散落分布的小圆粒。

（1）大型细胞：在图 3.110 的右侧分布着一些直径约为 $20\ \mu m$ 的圆形、椭圆形、方形的大型成熟细胞。这些细胞已经显示出了成熟细胞的特点，体积大，有一定的形状。细胞的中心部位显示出明显的暗色区域，可判定其为细胞核。而且能明显地看到图 3.110 中 2 个细胞剖面结构中有细胞壁、细胞的空腔及中部的细胞核，细胞腔中有许多小颗粒。

（2）小型细胞：许多直径在 $3\sim5\ \mu m$ 的小型细胞。小型细胞多为球状或椭球状，显示出幼年期细胞的特点，也有一些细胞稍大正处于分裂期，极有可能是分生组织。分生组织是指由具有分裂功能的细胞所组成的细胞组织。分生组织由小的球状和椭球状细胞构成。

（3）散落分布的小圆粒：大量直径为 $0.3\sim0.5\ \mu m$ 散落分布的小圆粒。初步判

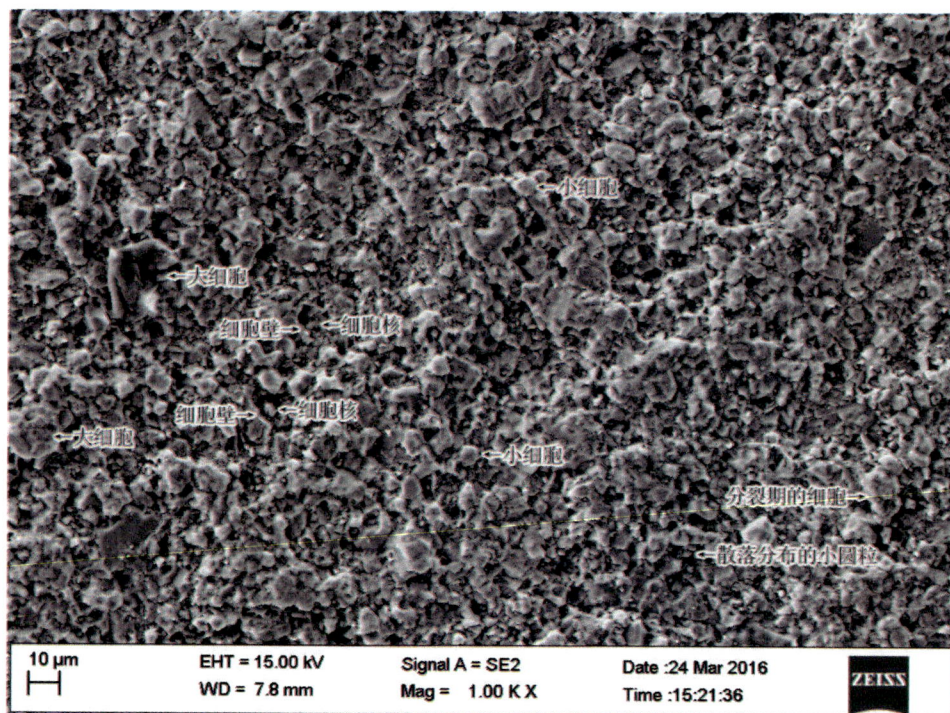

图 3.110　凤凰山 2 号标本藻类植物化石的电镜扫描图

断其可能属于幼年期的细胞，也有可能属于较小的游动孢子，抑或大型成熟细胞的细胞核，或细胞内部的细胞器。

2016 年 5 月，天津地质矿产研究所、中国地质大学（武汉）、中国科学院南京地质古生物研究所等单位的科学家合作在 Nature Communications 上发表题为《产自华北高于庄组 15.6 亿年前的分米级多细胞真核生物》的研究论文，首次报道了生存时代距今 15.6 亿年、个体长达 30 cm以上的大型多细胞生物化石群（图 3.111），将地球上大型多细胞生物的出现时间提前了将近 10 亿年，是地球早期生命演化研究领域中一项重大科学发现。

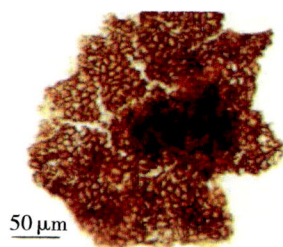

图 3.111　已知大型多细胞植物化石的显微结构

最古老的肉眼可辨的生物化石是一种生活在距今 18亿至 14 亿年前海洋中的丝状体化石，称为"卷曲藻"（*Grypania*），丝状体的直径小于 2 mm，科学家不太清楚它具体是什么生物。它是与大型碳质膜化石共生的、保存精美多细胞结构的生物碎片化石（中元古代，距今 15.6 亿年）。图 3.111 中的大型多细胞生物化石群与凤凰山藻类化石有着相似的多细胞结构。

另外，新墨西哥大学桑迪亚国家实验室的科学家发明的"丧失细胞技术"，其本质上是一层有机涂层，在经过硅酸处理后，它们覆盖在细胞表面，可以使其比原生肉质承受更大的温度和压力，从而在生物失去生命后，依然可以保持原本的结构和形态, 甚至是功能。图 3.112 是我国浙江大学求是高等研究院徐旭荣副教授课题组联合浙江大学化学系教授唐睿康、上海师范大学藻类光合作用与生物能源转化实验室教授马为民通过跨学科合作的, 为绿藻细胞披上一层二氧化硅 "外衣" 的课题, 所拍摄的转化的硅化绿藻化石的图片, 与凤凰山藻类植物 2 号标本的电镜图片中细胞的大小、形状更是非常相似, 进一步证明了凤凰山有藻类化石的可能。

图 3.112 我国科学家利用 "丧失细胞技术" 转化的硅化绿藻化石图片

将藻类植物化石在电镜扫描放大 3000 倍的图像 (图 3.113) 中, 一些较为成熟的大型细胞显示出较为明显的细胞显微结构:

(1) 具有植物细胞的形状。

(2) 具有明显的细胞边界。

(3) 一个大型的成熟细胞, 中心部位具有一个类似于细胞核的结构, 细胞核内的暗色内含物可能是核仁, 细胞质内分布着许多暗色内含物而有可能是一些细胞器的残留物。

藻类化石中的某些细胞与现生植物的石细胞形态非常相似, 可以明显地看出植物细胞的个体、细胞壁、颜色较深的细胞腔以及细胞间的胞间联丝。

在图 3.114 中, 可以明显地看到藻类化石细胞中分布着纵向横向分布在其中的微丝, 它们在细胞中相互交织, 形成一个网状的结构, 成为细胞内的骨骼支架, 使细胞具有一定的形状。

将凤凰山藻类化石在电子显微镜下局部放大 5000 倍可以清楚地发现以下细胞结构 (图 3.115):

图 3.113　凤凰山藻类化石电镜扫描放大 3000 倍图像

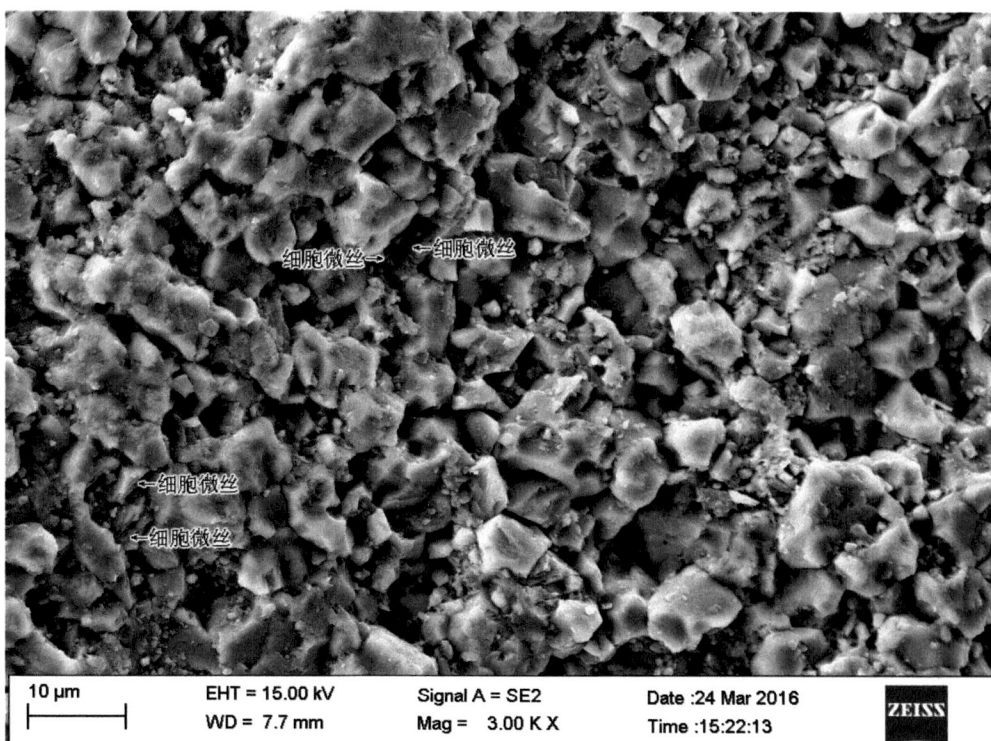

图 3.114　藻类化石电镜扫描放大 3000 倍时可见细胞内的微丝结构

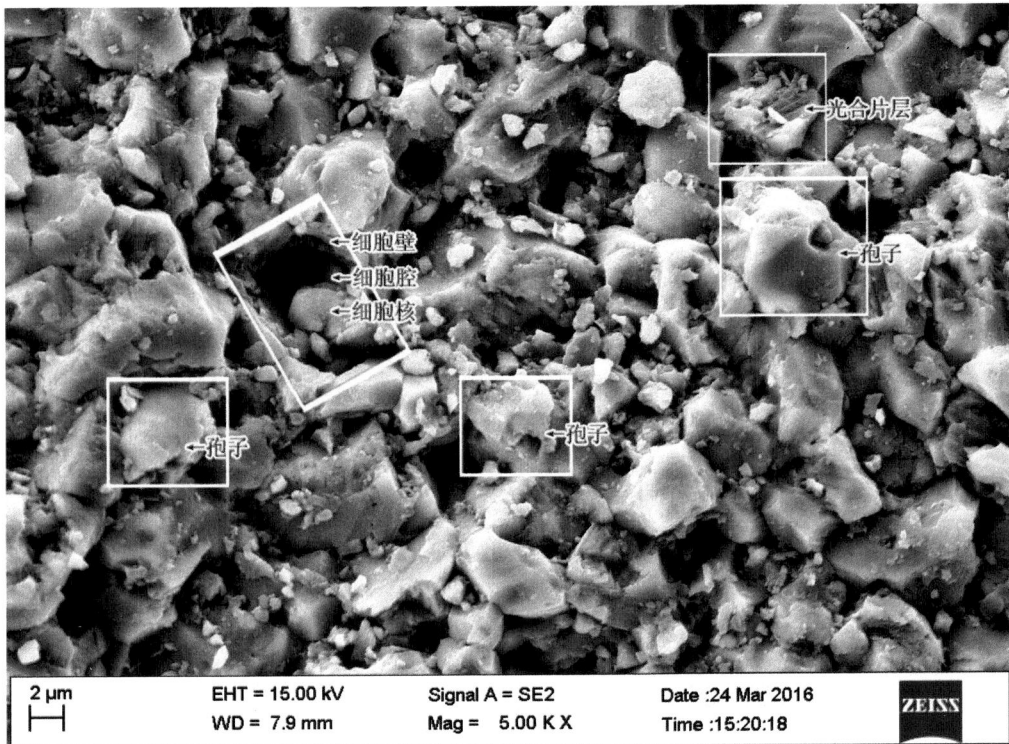

图 3.115　凤凰山藻类化石电镜放大 5000 倍的图像可见光合片层和孢子囊

（1）藻类细胞中具有较为明显的细胞核，分布在细胞的中心部位，包含一些大小在数微米（1～3 μm）的内含物并显示出类似于可能的"细胞核"，有些"细胞核"散落出去。对比现生植物细胞的细胞核，两者在位置与形态上都十分类似。

（2）图 3.115 中还可以明显地看到类似"叶绿体"的细胞器，藻类植物的等级相对较低，还未发育出"叶绿体"，图中有层次的"叶绿体"细胞器，应该是可以进行光合作用的光合片层。鉴于光合片层主要由一层一层类囊体构成，所以，根据此细胞器的内部形态，判断其为藻类植物进行同化作用的光合片层，再次证明了它们是藻类植物化石。

（3）图 3.115 中体积与小型细胞大小相似的圆球状带孔的结构，推测其为孢子，这就表明了该藻类有可能进行有性生殖，应该为比较高级的藻类。但由于未见到生有鞭毛的孢子，所以不能判断其到底是不动孢子还是游动孢子。藻类的孢子其大小通常以 μm 为单位，因藻类自身的大小不定而有所变化，藻类以其孢子进行有性或无性繁殖。图 3.115 中的孢子其外形明显小于细胞核或细胞本身，可以将其视为凤凰山藻类的繁殖方法之一。

从图 3.116 中，可以在单个细胞表面上看到圆形的小孔，孔壁十分光滑，分布不太均匀，推测其为纹孔。很可能是多细胞植物之间进行识别、信息或物质交换的通道，这一结构的出现说明凤凰山藻类化石并非是许多单细胞的聚合群体，而是多

图 3.116 藻类化石电镜扫描放大 5000 倍可见纹孔结构

细胞植物体。

将凤凰山藻类化石在电子显微镜下局部进一步放大到 10 000 倍的图像中（图 3.117），可以看到藻类植物细胞的细胞壁有一纵向切口，该细胞壁显示出一些明显的层次并表现出具有细胞壁和细胞膜分离的特点。电子显微镜图中棒状的结构，从其外形上初步判断其为线粒体，而它与整个细胞及孢子的大小相对比后，进一步判断其为线粒体。线粒体与细胞壁的存在，更进一步地证明了凤凰山藻类化石是植物体，而且是较为高级的藻类植物。

在图 3.118 中可以看到成熟的细胞和成列排列的小孔结构：

（1）大型成熟细胞，细胞边界中的层次分化显示出细胞壁和细胞膜的构造。

（2）在成熟细胞的表面分布着一排排列十分整齐的小孔。孔径极小，成排出现，分布不规则，多出现在大型成熟细胞上，从植物生理角度分析其出现的原因：(a)减轻藻体重量，利于飘浮或运动，节省能量。(b) 起加固和缓冲作用，有利于保护藻体。(c) 从其大小和排列的顺序推断其为胞间连丝。

用电子显微镜观察化石的亚显微结构，从观察的结果来看不管是在可能的原始分生组织还是在原始成熟组织中，均发现了一些较为成熟的大型细胞，显示出较为明显的细胞显微结构：(a) 具有明显的细胞边界，该细胞壁还显示出一些明显的层次并表现出具有细胞壁和细胞膜分化的特点。(b) 在细胞质中还含有许多内含物，

图 3.117 藻类化石在电镜下放大 10 000 倍的图像，可见叶绿体和细胞质壁分离现象

图 3.118 藻类化石电镜扫描放大 10 000 倍时的成熟细胞和排列整齐的小孔图

大小不等，数微米至数十微米，形态多为不规则状，这些内含物可能是类似于叶绿体、线粒体之类的细胞器。(c) 较为明显的细胞核，分布在细胞的中心部位，包含一些大小为数微米（1~3 μm）的内含物并显示出类似于可能的"核仁"，也具有不太明显的核膜。

这些细胞显微结构特征均表明了凤凰山藻类化石具有较为明显的多细胞真核生物的属性，也就是说，电子显微镜扫描的标本结构显示出了植物细胞的特征，再次证明了，我们采集到的凤凰山化石的岩石为植物化石。

那些数十微米乃至百余微米大小的大型成熟细胞，细胞边界中的层次分异显示出细胞壁和细胞膜，细胞质中的一些可能的细胞器如叶绿体、线粒体和液泡，均表明了多细胞植物的特点。但是凤凰山藻类细胞组织与今天多细胞藻类生物的多细胞组织还不能完全等同，就像宏观藻类化石的生物学属性还是一个谜一样，许多问题还有待于更加深入的研究才能得到合理的阐释。

3.2.3 凤凰山宏观实体藻类植物化石的类型

凤凰山宏观藻类化石是底栖型藻类的压型化石，以条状体为主，多有上、下之分，其基本体形有带状、绳状和宽叶状等。按宽度又可区分为大、中、小三型，宽度达十几厘米级的为大型，几厘米级的为中型，1 cm 以下的为小型。大中型个体可视为成熟藻体，小型个体多为幼年期个体，随着形体增大，藻体逐渐成熟，形体特征也比较稳定。凡形体特征稳定有由小至大的·系列过渡形态者，归为同一形态种类，它们一般可与现代藻类的某些属种作体形上的近似对比，而形态间断明显者分属，由此分出 8 种。此外尚见有由圆形至长圆形乃至带状的不能区分上下的完整与不完整的压型化石，按其外部形态类似于已知的宏观藻类属种，但仔细观察又不完全相同，细小的球形体类似于分散的孢子，直径稍大的近似圆形个体，则为孢子萌发阶段的个体，有的甚至可观察到卷曲成团状的细小叶状体，一些长圆至带状的个体，端部多不完整，可能是带状植物体的一部分，只能作为不完整化石标本处理，未做进一步的分类描述。

现按照个体从小到大，结构从简单到复杂的顺序和化石的地质层位，将已查明的凤凰山宏观实体藻类化石列举如下：

（1）凤凰山圆形藻化石（图 3.119）。

化石采集地点：朝阳凤凰山景区南沟山体基部，岩层底层的岩石。

地质年代推断：该处岩石为送国土资源部沈阳矿产资源监督检测中心成分检测的 4 号标本，张金良老师做 XRD 检测的 7 号标本。比对辽宁省地质志岩石成分检测结果，参照朝阳地质图推断该处化石的参

图 3.119　凤凰山圆形藻化石

考地质年代应是介于太古代和下元古代之间，早于长城系。

化石描述：标本呈明显的圆形或椭圆状，表面光滑，边缘有皱纹或环纹，边缘内侧盾面光滑，无明显纹饰。横切面为两层壁包围，似透镜状。中部大的圆形藻长轴为 5 cm，短轴为 3.26 cm；右中部化石长轴为 3.8 cm，短轴为 1.5 cm；右下几个圆形藻长轴约为 1.76 cm，短轴约为 1.47 cm。圆形藻化石的厚度为 0.2 cm。个体成群产出时，不互相重叠。化石表面平坦或微凸，不具典型 *Chuaria* 普遍存在的同心环状边缘构造，结构极为简单。

球形或次球形的丘尔藻化石：化石原植体为简单球形体，该化石体的大小在 0.5 ~ 1.5 cm 之间，多为 0.5 ~ 1 cm，较为密集地产出在均一石灰岩中。由于这些简单球形体或次球形体缺乏明显的环纹，所以又被称为拟丘尔藻。

比较和讨论：在凤凰山所发现的实体圆形或椭圆形宏观藻类化石，极有可能属于丘尔藻属或拟丘尔藻属之类的宏观藻类化石，在相同层位中，还保存有形态分异更加明显的球形类、椭球形类、豆荚状类、舌形类等化石体，有可能组成一个特别的化石组合。

对于在凤凰山岩石中发现的这类实体宏观藻类化石，由于缺乏现代的类比物，其确切的生物学分类归属还难以准确确定，而且这些球形或似球形实体宏观藻类化石与真正的以碳质压型化石为特征的丘尔藻或拟丘尔藻还不能完全等同。

（2）凤凰山蠕藻化石（图 3.120）。

化石采集地点：朝阳凤凰山景区南沟山体基部岩层。

参考地质年代：推断介于太古代和下元古代之间。

化石描述：纵长形不分枝的棒状藻体，化石个体长为 3 ~ 8 cm，最小为 2 cm，藻体呈棒形，顶端钝圆，长宽比平均为 5 左右，多为小型个体，呈不均匀分散状，分布于层面上，相互无重叠现象，有些藻体折叠成 "V" 形，其外形似蠕虫。

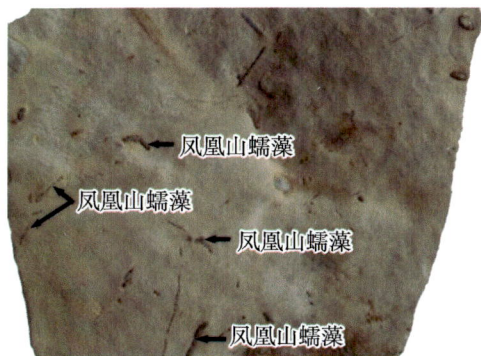

图 3.120　凤凰山蠕藻化石

现代蠕藻：属绿藻门，藻体小，高 1 ~ 2 cm，纺锤形或亚圆柱形，基部固着器呈裂片状。藻体多少钙化，外形像虫蛀的团块。藻体有一条棒状的主轴，向外密生轮状排列的分枝，最末小枝形成纤细的毛。

比较和讨论：植物体小，形态特征稳定而独特，未见有类似者。与凤凰山硬毛藻对比，有可能是后者不同世代的一种形态。若单列细胞不分枝的丝状体为孢子体，则本类型可能为配子体的未展开形式，也可能是其他门类多细胞藻群在个体发育过程中某一阶段的形态。由于个体细小，不是成熟植物体的形态，又不易与某一宏观藻类相关联，而且其外形又与蠕藻相似，故暂命名为凤凰山蠕藻。

（3）凤凰叶状藻化石（图 3.121）。

化石采集地点：朝阳凤凰山景区北沟小塔子山体中部岩层，考察标记 F3 点。

参考地质年代：早于中元古代长城系

化石描述：藻体为简单叶状体。相对岩石呈现出淡灰色。具有明显的边缘带。具一定的厚度。其厚度达到 0.2 cm。它的叶状体呈椭圆形、长椭圆形或卵圆状，可能是由圆形的 *Chuaria* 属分化而来的。

现代孔石莼：属绿藻门，藻体黄绿色，长 10~30 cm，可达 40 cm。植物体近似卵形，边缘常略有波状，或呈广宽的叶片状，其上常有圆形或不规则形大小不一的孔，厚在 45 μm 上下。基部固着器呈盘状。生长在海湾内以及中潮带、低潮带的岩石上或石沼中。

图 3.121　凤凰山叶状藻化石

比较和讨论：叶状体简单地分叉，但未见类似根、茎、叶分化及固着器的类型出现，这种藻类是以营漂浮生活的简单叶状体类型占绝对优势，而营底栖固着具叶状体、柄、固着器分化的茎叶状体类型刚刚开始出现。这就是该期宏观藻类的总体面貌和组合特征。

（4）凤凰山原带藻和凤凰山硬毛藻化石（图 3.122）。

化石采集地点：朝阳凤凰山景区十八盘处山体底部岩石。岩石与张金良老师用 XRD 检测的第 8 号标本同层位。

参考地质年代：中新元古代。

①凤凰山原带藻。

化石描述：藻体扁平带状，上下约等宽，顶端钝圆，有时可见隐显的纵纹，边缘清楚，叶面平整，约长 19 cm，宽 1.3 cm。扁平叶状体或压扁的囊状体或管状体均不具拟茎。

图 3.122　凤凰山原带藻和凤凰山硬毛藻化石

现代点叶藻：属褐藻门，藻体淡黄色，含大量墨角藻黄素。多细胞藻类植物，藻体叶状，膜质，不分枝，无类似茎、叶的分化，背面散生暗褐色斑点。多海生，一般生长于低潮带岩石或石沼中。

比较和讨论：与现生种标本相比，该亲近种较短小，但个体完整，上下之分不明显，基部未见有一稍膨大的盘状附着器，顶端圆滑。此类藻体结构可能为扁平的叶状体，类似于褐藻门点叶藻的形态特征，只是个体细小一些，此处表明凤凰山藻群是一个多属种的群落。

②凤凰山硬毛藻。

化石描述：属绿藻门，藻体丝状，不分枝，直或渐弯和卷曲，标本中未见附着盘，顶部圆滑，藻体宽 0.1～0.2 cm，长 5～18 cm，未见清楚的纵向纤维状构造，推断其有可能是中空的管状结构。

现代气生硬毛藻：藻体呈亮绿色或暗绿色，为单列细胞不分枝的丝状体。丝状体由长筒或短筒形的细胞组成，有些种类的细胞大，肉眼可识别。直立，质稍硬，单生、丛生，漂浮或固着生长，基部具有盘状或假根状的固着器。一般生长在中、高潮带的岩石上或石沼中。

比较和讨论：本种是凤凰山常见的藻类，多数为中等体型，少数宽达 0.3 cm，形态简单，顶端钝圆，基本上是一扁平带状植物体，但有的基部固着部分细弱，尚未见有明显的分化迹象。

（5）凤凰山具柄藻化石（图 3.123）。

化石产出地点：朝阳凤凰山景区十八盘处山体中部岩石。

参考地质年代：中新元古代。

化石描述：化石标本基部有的有拟茎，但未见固着器，上部丛生不等宽叶状体，占整个藻体的 1/2，叶状体与拟茎的连接形式为分化型，叶状体丛生于拟茎的顶端，多歧分枝。叶片长度多不完整，但宽度清晰可见，它们皆保持可区分为叶状体和拟茎的结构特征，叶状体质地柔韧，常见旋

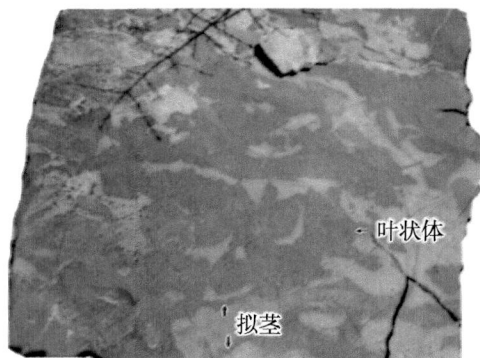

图 3.123 凤凰山具柄藻化石

扭和折曲，许多中间"窄缩"现象多与旋扭有关。也可看作是上呈叉状生长的膜状体，它们可能是成熟藻体的固定形态（类似于红藻门红皮藻目中的一些扁平掌状叶状体），也可能是囊状藻体的展开形态（类似于绿藻门石莼目中具异形生活周期的属的一些个体），或宽叶片状藻体的变化形态。

现代海带：属褐藻门，藻体褐色，长带状，革质，长 2～6 m，宽 20～30 cm。藻体明显的区分为固着器、柄部和叶状体。固着器呈假根状，柄部粗短呈圆柱形，柄上部为宽大长带状的叶状体。在叶状体的中央有两条平行的浅沟，中间为中带部，厚 0.2～0.5 cm，中带部两缘较薄有波状皱褶，也是藻类植物，像根的部分只是起到固着作用的根状物，像叶部分叫叶状体。

比较和讨论：凤凰山具柄藻以具柄的宽叶片状植物体区分于其他种。叶状体与拟茎迅速过渡，接触界线明显，拟茎向末端尖缩，保存为单一原植体的形态，但也有的拟茎宽而短，末端呈截断形。因此类藻体形态特征稳定又较常见，故以一形态

种记述之。

（6）凤凰山小叶藻化石（图 3.124）。

化石产出地点：朝阳凤凰山景区十八盘处山体中部岩石。

参考地质年代：中新元古代。

化石描述：岩石表面镶嵌着许多大小不等的叶状体藻类植物化石，也有微小动物化石（图 3.124 右下部黑色树枝状的形态是山上植物树枝的影子，并非岩石的物像）。藻体形状有圆形、椭圆形、不规则形，藻体平铺在岩石表面，小型叶状体较多，直径在 1～3 cm，少数叶状体直径在 5～8 cm，从岩石侧面测量，凤凰山小叶藻的厚度约为 0.3 cm。

图 3.124　凤凰山小叶藻化石

现生绿藻海白菜：绿藻门，为两层细胞组成的膜状体，叶片呈卵圆形，边缘波状，高 10～30 cm。

比较和讨论：凤凰山小叶藻是凤凰山常见的藻类化石，从个体的大小和形状上看很像世代交替中的配子体，因边缘的波状与海白菜有相似之处，但没有海白菜长得大。有可能是海白菜的元古代祖先。

（7）凤凰山藻类群体化石 1（图 3.125）

化石产出地点：朝阳凤凰山景区十八盘处山体中部岩石。

参考地质年代：中新元古代。

化石描述：该含藻类化石群的岩石长约 24 cm，宽 20 cm，图 3.125 中 A 是岩石的表层观，B 是岩石的侧面观，厚度达 5 cm。藻类化石呈青灰色，形状不规则，轮廓清晰，边缘圆滑。有几个明显的大型、小型叶状体分叉、分裂的化石，有镰形、靴形、三角形、梯形等不规则叶状体比较零乱地散布在岩石表面，右下部则有许多小型叶状体侧向挤压在一起，暴露在岩石

图 3.125　凤凰山藻类群体化石 1

表面的是它们的横断面或纵断面，断面的厚度为 0.5cm，而且叶状体的断面与岩石侧面的藻体是相连的。从岩石的侧面 B 看能辨认出藻类化石的层数有 10 余层之多。个体长度大部分为 5～8 cm，最小为 1.5 cm，最大可达十几厘米。大部分个体有长、短轴之分，化石表面平坦或微凸，不具典型 *Chuaria* 普遍存在的同心环状边缘构造，结构极为简单。个体成群产出，呈不均匀地密集分布于层面上，相互有重叠现象，

有时由于相互挤压而有所变形。

现代布氏藻属：属绿藻门，藻体为游离的球状团块，有主轴细胞，由其上部向四面分离分裂产生许多分枝，错综交织成海绵似的网状，枝顶以附着胞互相粘连。

比较和讨论：凤凰山藻类群体的出现，表明了在凤凰山这一时期的地理环境为水体清澈、平静，有较好的光照和循环，这样才能适合生长出叶状体分裂、分叉等的藻体，而其成群的产出则证明了这一时期凤凰山藻群是一个多属种的群落。

（8）凤凰山藻类群体化石 2（图 3.126）。

化石采集于凤凰山景区十八盘线路山体中上部，是山上最多见的含藻类化石岩石。该岩石上既有藻类植物化石，还有环节动物等化石。

① 凤凰山绳藻化石。

化石描述：凤凰山藻群中的优势种是外形轮廓简单的绳状藻体，此类藻体特征明确，形态稳定，宽 0.5 cm，长可达 18 cm，藻体轮廓明显，边缘平直，宽度自上而下均匀，少波状起伏和无规律地收缩，显微结构中有特征相近的皮层和髓部结构，藻体柔软易扭曲，呈不均匀分散分布于岩石层面上，

图 3.126　凤凰山藻类群体化石 2

略凸出于岩石，相互重叠，可见数量众多。其形态类似现代褐藻海带目的绳藻，但形体过于细小，可作为亲近种对待。

现代绳藻：属褐藻门，藻体灰黑色至黑褐色，细长呈绳状，直径为 1.5～3.0 cm。常扭曲成束，单条无分枝，两端逐渐窄细。体表密布细长纵皱纹；有明显节段。质脆，易折断，断面不平坦；藻体上部中空。气微腥，味咸。

比较和讨论：前寒武纪时期凤凰山的地理环境为平坦的浅海，水体清澈、平静，有较好的光照和水体循环，盐度偏高，浮游生物减少，有利于喜盐底栖藻类的繁衍，正是由于这些有利的环境因素促进了原始藻群向大型化发展，大量藻体的出现说明它是一类对环境适应能力极强的宏观藻类，具有较强的生存竞争能力，在遗传上具有很强的稳定性，演化上具有一定的保守性。

② 凤凰山叉枝藻化石。

化石描述：凤凰山叉枝藻平铺在岩石表面，藻体有明显的分枝现象，这两点与绳藻有明显的不同，说明叉枝藻是扁平的藻体，而绳藻是圆形绳状。叉枝藻宽 0.25～0.35 cm，二叉分枝或羽状分枝，藻体高 10～18 cm。

现代叉枝藻：属红藻门，叉枝藻科，直立，丛生，软骨质，扁圆，高 4 ~ 10 cm，宽 0.2 ~ 0.25 cm。二叉分枝 3 ~ 4 次，呈扇形。内层细胞小，髓部细胞大，界限明显。囊果呈球形，生在顶端分枝上，3 ~ 4 个排成一列，在枝的两面隆起；四分孢子生在小枝上，呈不规则的四面锥形分裂。固着器呈小盘状。它的光合作用色素中具藻胆素、藻红素，因此藻体呈紫红色（图 3.127）。

图 3.127　现代叉枝藻

比较和讨论：凤凰山叉枝藻化石与现代叉枝藻相比，二者形态和大小都非常相似，但颜色不同，本块岩石上的叉枝藻化石为深灰色，与褐藻类化石相同。据此能说明褐藻和红藻在许多亿年前有共同的原始祖先。

③凤凰山有中肋的高等藻类化石。

凤凰山岩石上有许多宏观较大型的叶状体化石上出现了中肋的结构，中肋宽 0.25 ~ 0.35 cm，叶状体宽大，厚度为 0.1 cm，颜色深灰色，平铺于岩石表面。它们的形态与现生褐藻裙带菜很接近。

现生裙带菜：褐藻门，海带目，翅藻科，裙带菜属，海藻类植物。高 100 ~ 200 cm，宽 5 ~ 10 cm，明显地分化为固着器、柄及叶状体三部分。叶状体具中肋，绿色呈羽状裂片，与海带相比叶状体宽而薄，外形像大破葵扇（图 3.128）。

图 3.128　现生的一种裙带菜

比较和讨论：凤凰山有中肋的高等藻类化石植物因岩石上保存的化石不完整，没有发现固着器的结构，但是叶状体与现生的裙带菜的叶状体非常接近，说明二者有非常近的亲缘关系，也可以说，凤凰山有中肋的藻类植物是现代裙带菜类的祖先。

讨论与结论

凤凰山宏观藻类化石产于细纹层状白云岩中，是散布于层面上的碳质压型化石。化石以各种形态的膜状体为主，高等种类有一定厚度（厚度可达 0.5 cm），多数不具拟茎，以叶状体基部直接与基质接触，常见有假根状的凸出物用于加强固着作用。叶状体单一绳状的最多，较长而宽大的多不完整，以片段形式保存。从各种片段可见长带状的叶状体中间有收缩现象，这表明生长过程中细胞有组织分化的趋势。将藻体的形态特征与现代藻类比较，其与褐藻门中膜状体形态类型的藻群相近，但由于在叶状体表面尚不能证实有孢子囊存在，故其也可与绿藻门中的薄膜状藻体相对比，不论是褐藻还是绿藻，它们都是多细胞的真核藻类。藻体的形态比较简单，但它们已经直立生活并已有细胞功能初步分化的迹象，如叶状体基部收缩加厚呈柄状，可起支撑作用，假根状的丝状体起固着作用，叶状体的中上部最宽，表明此部分细胞个体大，增长迅速，是进行光合作用自养的主要部分，这是原植体植物向有根、茎、叶器官分化方向演化的初步迹象。

（1）凤凰山的宏观藻类化石，是以单一型叶片状原植体植物体为主的底栖型藻群，已有初步组织功能分化，是长形、两侧对称、有上、下之分的多细胞植物群体，体型大小为长 10～100 cm、宽 5～30 cm。从形态特征看可对比为褐藻或绿藻。这是迄今所知地球上最早的具宏观多细胞体型的后生植物群。

（2）咸化水体清水碳酸盐沉积的浅水环境决定了植物体的生态特点。以固着底栖形式为主，通过光合作用自养生活，在个体发育过程中的游动或漂浮是生活史中的局部现象，与正常海中的浮游藻类不同。

3.2.4 结语

通过草酸浸泡法，初步证明了凤凰山的岩石中蕴含着藻类植物化石的可能，为了进一步研究，将推测含有藻类化石的岩石做成磨片，用光学显微镜观察，发现了凤凰山岩石磨片中的藻类植物显微结构具有原始多细胞结构和明显的组织分化的特点，而且这类化石属于多细胞真核生物，这从组织结构水平证明凤凰山景区岩石上具有实体宏观藻类化石是真实的。为了更具有说服力，将凤凰山含藻类植物化石的2号岩石标本进行电镜扫描，看能否发现藻类细胞的亚显微结构，经过与现生细胞器的对比观察，发现不论是在可能的原始分生组织还是在原始成熟组织中均有一些较为成熟的大型细胞，显示出较为明显的细胞显微结构：细胞核、线粒体、光合片层、维管以及行使生殖作用的孢子，进一步从细胞水平证明了凤凰山上有许多岩石出产藻类植物化石的真实性。经过以上3种方法的证明，将凤凰山宏观藻类化石进行分类可分为8种类型，其中以条状体为主，多有上、下之分，其基本体形有带状、绳状和宽叶状等，按宽度又可区分为大、中、小三型。这表明了这一时期的原植体植物正在向有根、茎、叶器官分化方向演化。

凤凰山宏观藻群是以扁平带状原植体为主的浅海底栖藻群，部分植物体可能为中空囊状或管状，其压型亦呈叶片状，它们是具膜状体型结构的多细胞植物体，可通过部分化石的岩石断层看到藻类植物的横截面，有一定厚度（0.1～0.5 cm），可与绿藻门石莼目或褐藻门网管藻目甚至海带目的一些属种相对比，其生活周期已由单倍体—二倍体等发展到以二倍体孢子体为主的先进类型，是目前已知最早的高等藻类群体，底栖生活，直立生长，由辐射对称发展为两侧对称，同时又保持许多原始性：其一是固着机制简单，细弱，尚未发现分化出明显的固着器（也许是采集到的化石的局限）；二是形态简单，有分枝；三是繁殖方式简单，藻体的每一个细胞都可能用于生殖，形成孢子囊，以无性繁殖为主，有性繁殖应已出现，但尚无太多的证据。叶状体中具拟茎的类型是凤凰山藻群中的先进分子，已呈现初步组织分化的迹象，藻体大型化，叶状体的广度已扩展到 8 cm² 以上，孢子繁殖，密集生长，形成繁盛的海底草原，多细胞膜状、叶状体型的大型化，形态特征多样化，组织结构的复杂化反映了在中元古代末期生命活动的进化水平。

朝阳凤凰山景区地质构造多样，地质年代跨度非常大，跨越太古代、元古代和古生代的寒武纪、奥陶纪。我们在不同的地层中均发现了不同类型的海相藻类植物化石，不仅为《产自华北高于庄组 15.6 亿年前的分米级多细胞真核生物》提供了又一化石证据，同时证明真核生物的出现要比 15.6 亿年的这个年代还要早。这极大地支持和丰富了达尔文的生物进化理论。

朝阳凤凰山景区地质构造镌刻着华北燕辽构造运动沧海桑田的历史，凤凰山藻群的出现则记录着远古生命演化的足迹，是生物早期演化的里程碑式事件。它标志着以微体生物占主导地位的时代已经结束，代之而起的是以后生生物为先导的宏体生物世界，海底"草原"的展布为食草动物的发生与发展提供了前提条件。

4 朝阳凤凰山和麒麟山燧石结核成因探究

辽宁省朝阳市凤凰山、麒麟山部分岩石裸露在外，燧石结核随处可见，呈层状规律性分布，燧石结核单体有条带、圆形、椭圆形、不规则结构，形态各异。

研究者认为燧石结核成岩方式可分沉积成因和交代成因，硅质来源主要有生物来源、陆源物质和火山或深部热液来源。本章对辽宁省朝阳市凤凰山、麒麟山进行采样分析，从岩矿学角度探究凤凰山、麒麟山燧石结核的成因。

4.1 岩石样品采集与检测

2015—2016 年，"朝阳市凤凰山与麒麟山地质构造和化石种类比较研究"课题组根据朝阳市地质图的信息选择了 18 条具有典型地质构造特征的考察路线对朝阳市凤凰山、麒麟山进行了 30 多次野外考察，采取样品 300 多件，本章对采集的 22 块样品，其中凤凰山 18 块，麒麟山 4 块进行了研究。样品切片后，制备薄片光片，边角料用制样粉磨机磨至 200 目，用于 X 射线衍射（XRD）分析和主量元素化学分析。

4.1.1 采样

我们选择了代表几种似典型动物化石出现的年代层位和岩石年代层位的样品 22 块（表 4.1）进行了 XRD 检测，参考年代层位是根据朝阳市地质图和野外考察时化石或岩石在山体中的具体位置关系估测的，为 XRD 检测提供参考，并用 XRD 检测结果加以验证。

表 4.1 XRD 检测样品的采集地点和参考年代一览表

样品号	采集地点	参考年代层位
1 号样品	FHN1 号线似扁形动物化石的围岩 H251 m	中元古代蓟县系雾迷山组下段
2 号样品	FHN2 号线似食肉动物化石的围岩 H436 m	中元古代蓟县系雾迷山组上段
3 号样品	FHN3 号线似有消化腔的化石处围岩 351 m	中元古代蓟县系铁岭组
4 号样品	FHX1 号考察线小塔子岭上部岩石	中元古代蓟县系铁岭组
5 号样品	QL2 号线大型化石产地化石和围岩	太古代
6 号样品	QL9 号考察线采石场石块	中元古代长城系
7 号样品	FHH1 号线山体中部含藻类植物的岩石	太古代
8 号样品	FHH3 号线山体上叠层岩有分枝的藻类植物的岩石	早于中元古代

续表

样品号	采集地点	参考年代层位
9 号样品	QL6 麒麟山的方解石	中元古代
10 号样品	FHH3 号线不规则石块	早元古代长城系
11 号样品	FHH3 号线凤亭处 H401 m 岩石	低于寒武纪
12 号样品	FHH3 号线凤亭处 H408 m 岩石	低于寒武纪
13 号样品	FHH3 号线凤亭处紫色赤铁矿石	低于寒武纪
14 号样品	FHN4 号线帽儿山南灰绿色酥脆的岩石	新元古代青白口系
15 号样品	FHN4 号线帽儿山南沟硬层岩石	新元古代青白口系层位高于 14 号
16 号样品	FHN4 号线帽儿山沟口岩石分界上岩石	古生代寒武纪中统
17 号样品	FHN4 号线帽儿山沟口岩石分界下岩石	古生代寒武纪下统
18 号样品	FHN4 号线帽儿山紫色岩石	古生代寒武纪下统
19 号样品	FHN4 与 18 号岩石伴随的黄绿色岩石	古生代寒武纪下统
20 号样品	FHN4 与 14 号岩石层薄、易破坏、不坚固	新元古代青白口系
Q1 样品	麒麟山地震台考察线 1 号燧石结核	中元古代蓟县系雾迷山组
Q2 样品	麒麟山地震台考察线 1 号燧石结核围岩	中元古代蓟县系雾迷山组

4.1.2　检测

　　X 射线衍射分析样品 14 块，X 射线衍射条件：岛津 XRD-7000 射线衍射仪，Cu 靶，10°~80°，10°/min，步长 2°，检测图谱见图 4.1~ 图 4.13。结合标本鉴定，综合鉴定结果见表 4.2，结果表明，岩石样品主要有白云质灰岩、燧石条带白云岩、紫色白云质灰岩、黄色白云质灰岩、紫色石英粉砂岩、石英砂岩、白云岩等，符合中元古界和寒武纪岩性特征，建造类型属于海相碳酸盐沉积，伴有陆源黏土。

　　对其中 1 号、4 号和 7 号进行主量元素化学分析，1 号样品元素分析结果与 XRD 衍射结果相符，主要成分为方解石，其次为石英和白云石。4 号样品元素分析结果同样与 XRD 结果相符，以白云石为主，其次为方解石、石英。7 号样品主要由方解石和石英组成。

　　由 1 号样品 XRD 图谱（图 4.1）可见，衍射峰强度最高为方解石（特征峰 2θ 角为 29.14°，d 值为 3.0620，与方解石特征峰相符），其次为白云石（特征峰 2θ 角为 30.64°，d 值为 2.9154，与白云石特征峰相符），再次为石英（特征峰 2θ 角为 26.36°，d 值为 3.3783，与石英特征峰相符）。

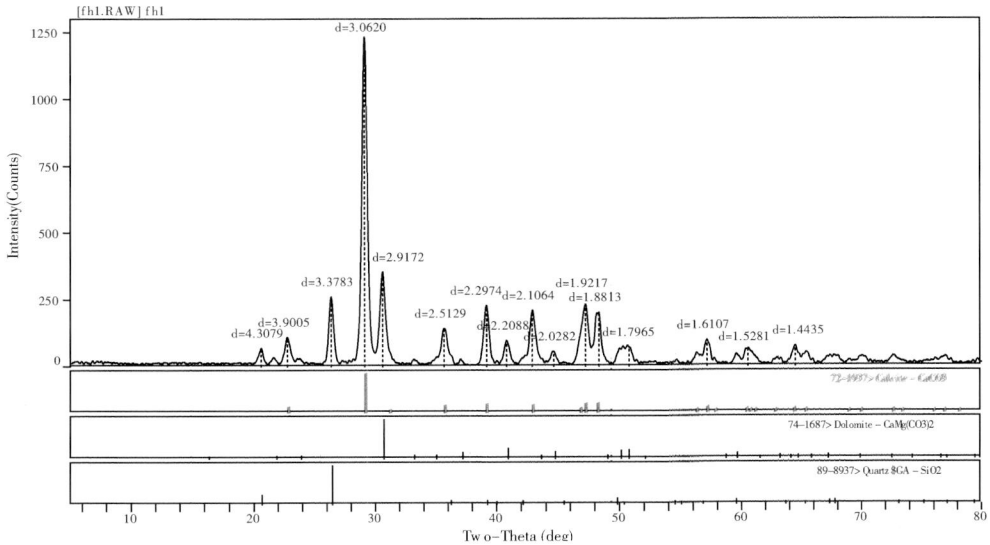

图 4.1　1 号岩石样品 XRD 图谱

　　由 2 号岩石样品 XRD 图谱（图 4.2）可见，衍射峰强度最高为白云石（特征峰 2θ 角为 30.90°，d 值为 2.8915，与白云石特征峰相符），其次为石英（特征峰 2θ 角为 26.58°，d 值为 3.3508，与石英特征峰相符）。

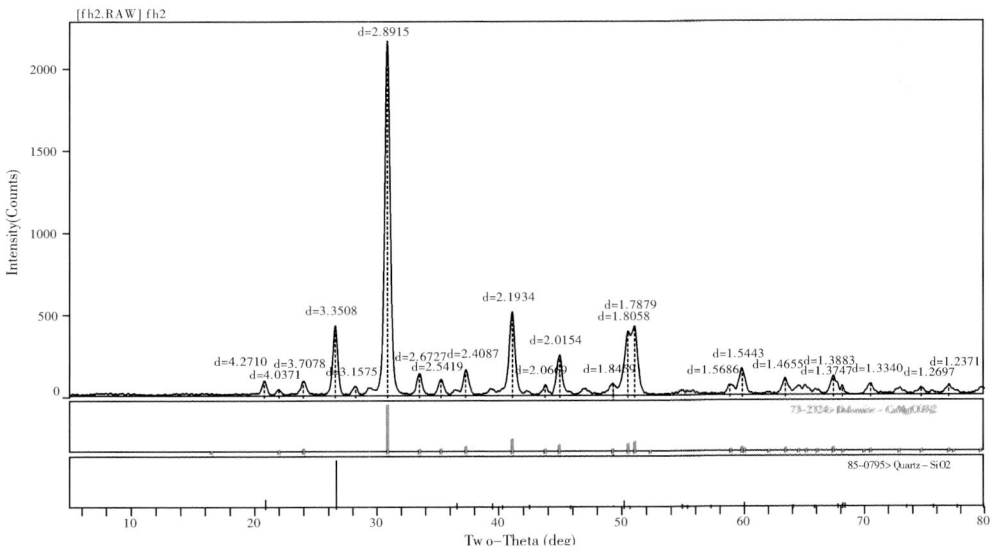

图 4.2　2 号岩石样品 XRD 图谱（白云石、石英）

　　由 3 号岩石样品 XRD 图谱（图 4.3）可见，衍射峰强度最高为石英（特征峰 2θ 角为 26.58°，d 值为 3.3508，与石英特征峰相符），有少量方解石（特征峰 2θ 角为 29.44°，d 值为 3.0315，与方解石特征峰相符）。

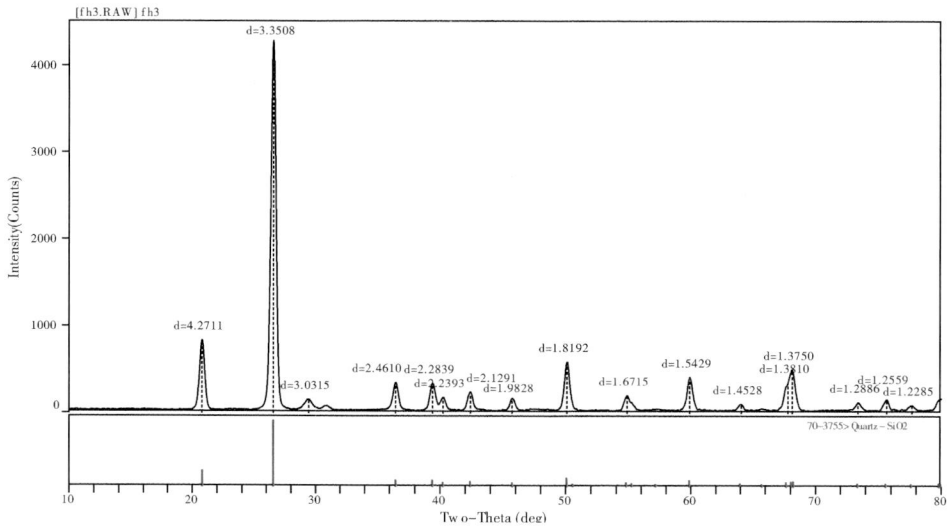

图 4.3　3 号岩石样品 XRD 图谱（石英）

由 4 号岩石样品 XRD 图谱（图 4.4）可见，衍射峰强度最高为石英（特征峰 2θ 角为 26.58°，d 值为 3.3508，与石英特征峰相符），其次为铁白云石（特征峰 2θ 角为 30.90°，d 值为 2.8915，与铁白云石特征峰相符），有少量方解石（特征峰 2θ 角为 29.52°，d 值为 3.0234，与方解石特征峰相符）。

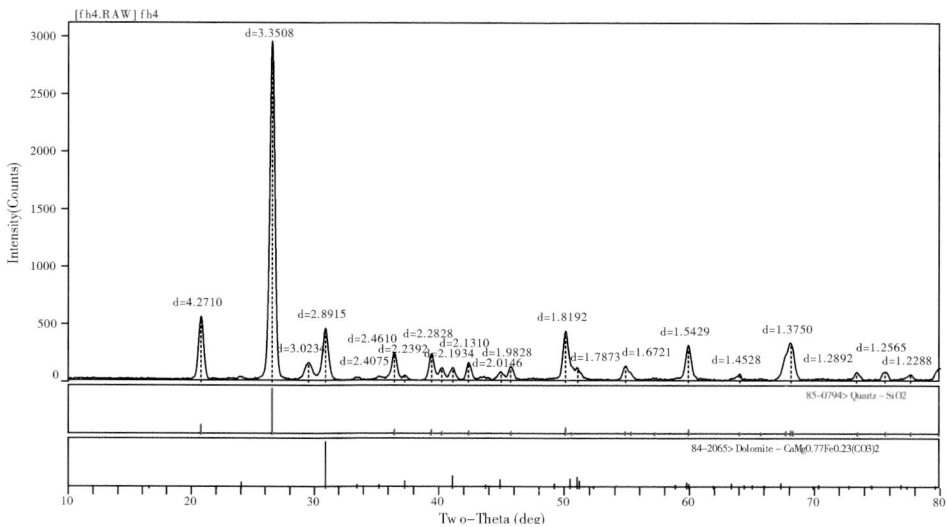

图 4.4　4 号岩石样品 XRD 图谱（石英、铁白云石）

由 7 号岩石样品 XRD 图谱（图 4.5）可见，衍射峰强度最高为方解石（特征峰 2θ 角为 29.40°，d 值为 3.0355，与方解石特征峰相符），其次为石英（特征峰 2θ 角为 26.60°，d 值为 3.3483，与石英特征峰相符），有少量白云石（特征峰 2θ 角为 30.76°，d 值为 2.9043，与白云石特征峰相符）。

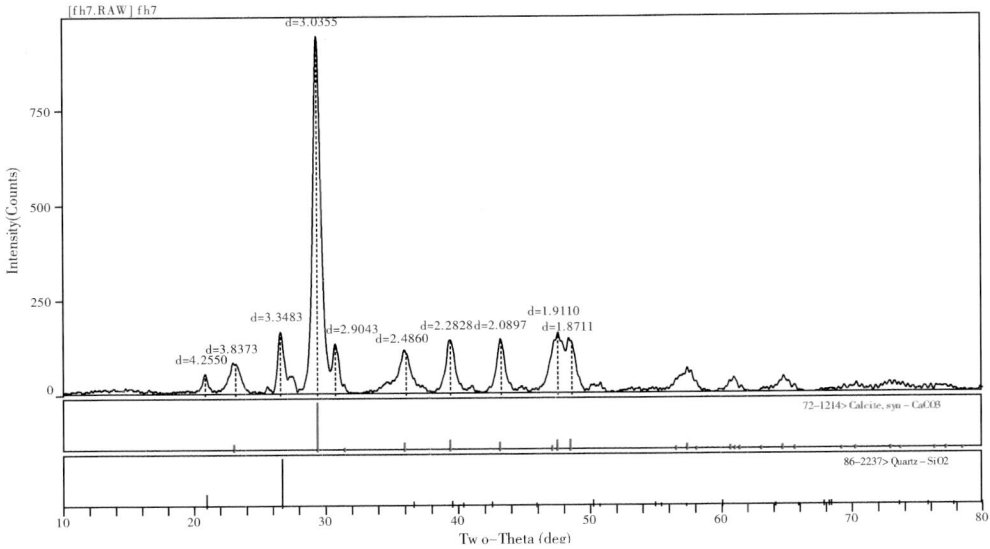

图4.5 7号岩石样品 XRD 图谱（方解石、石英）

　　由 8 号岩石样品 XRD 图谱（图 4.6）可见，衍射峰强度最高为方解石（特征峰 2θ 角为 29.14°，d 值为 3.0620，与方解石特征峰相符），其次为白云石（特征峰 2θ 角为 30.64°，d 值为 2.9154，与白云石特征峰相符），再次为石英（特征峰 2θ 角为 26.36°，d 值为 3.3783，与石英特征峰相符）。

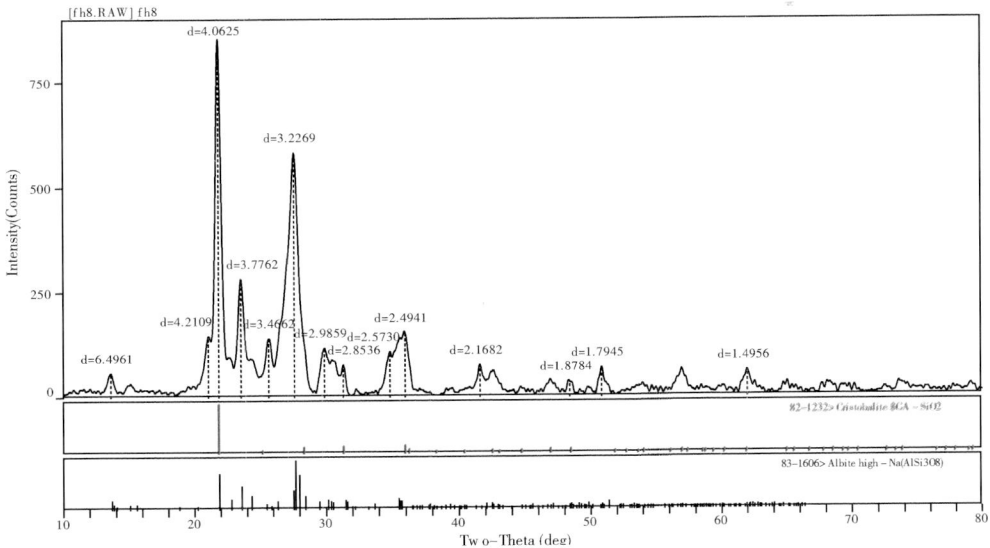

图4.6 8号岩石样品 XRD 图谱（石英、钠长石）

　　由 13 号岩石样品 XRD 图谱（图 4.7）可见，衍射峰强度最高为石英（特征峰 2θ 角为 26.60°，d 值为 3.3483，与石英特征峰相符），杂质种类较多，但以赤铁矿为主（特征峰 2θ 角为 33.099°，d 值为 2.7058，与赤铁矿特征峰相符）。

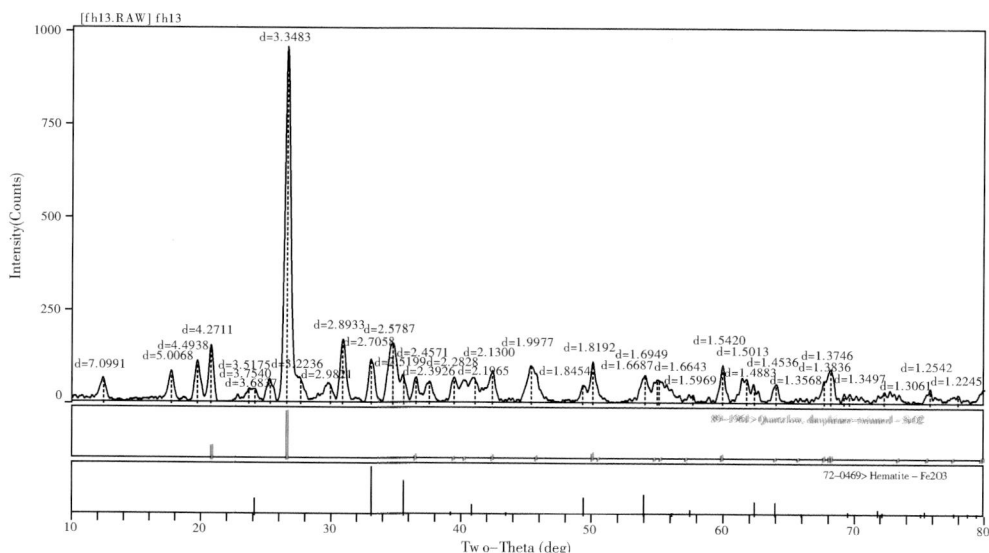

图 4.7　13 号岩石样品 XRD 图谱（石英、赤铁矿）

由 14 号岩石样品 XRD 图谱（图 4.8）可见，衍射峰强度最高为白云石（特征峰 2θ 角为 30.90°，d 值为 2.8915，与白云石特征峰相符），其次为石英（特征峰 2θ 角为 26.60°，d 值为 3.3483，与石英特征峰相符）。

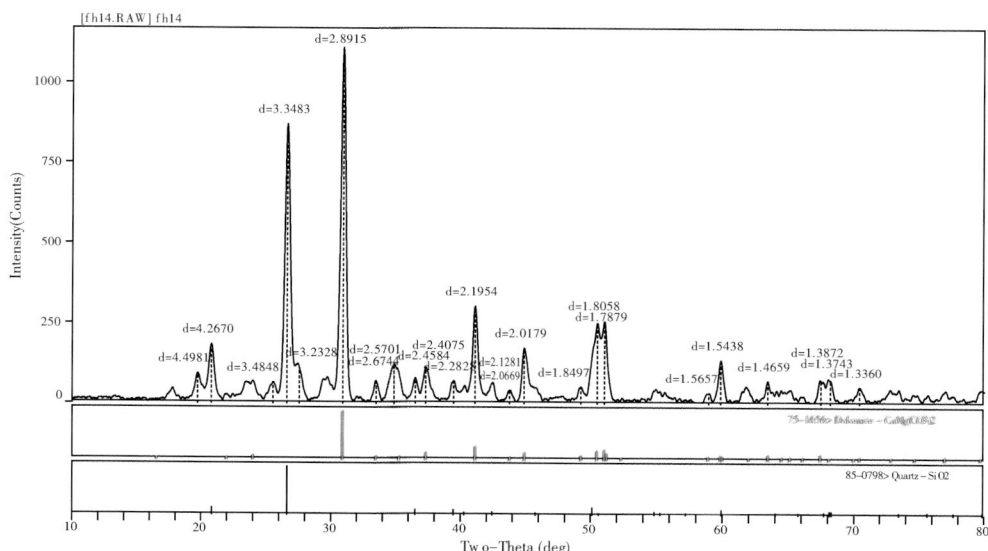

图 4.8　14 号岩石样品 XRD 图谱（白云石、石英）

由 18 号岩石样品 XRD 图谱（图 4.9）可见，衍射峰强度最高为白云石（特征峰 2θ 角为 30.92°，d 值为 2.8897，与白云石特征峰相符），其次为石英（特征峰 2θ 角为 26.60°，d 值为 3.3483，与石英特征峰相符）。

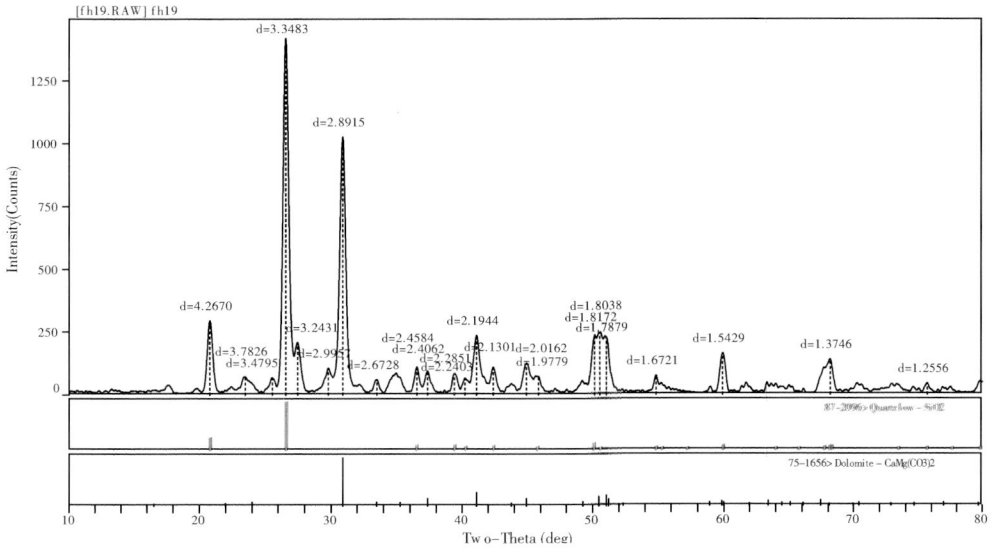

图 4.9　18 号岩石样品 XRD 图谱（白云石、石英）

　　由 19 号岩石样品 XRD 图谱（图 4.10）可见，衍射峰强度最高为石英（特征峰2θ角为 26.60°，d 值为 3.3483，与石英特征峰相符），其次为白云石（特征峰2θ角为 30.90°，d 值为 2.8915，与白云石特征峰相符）。

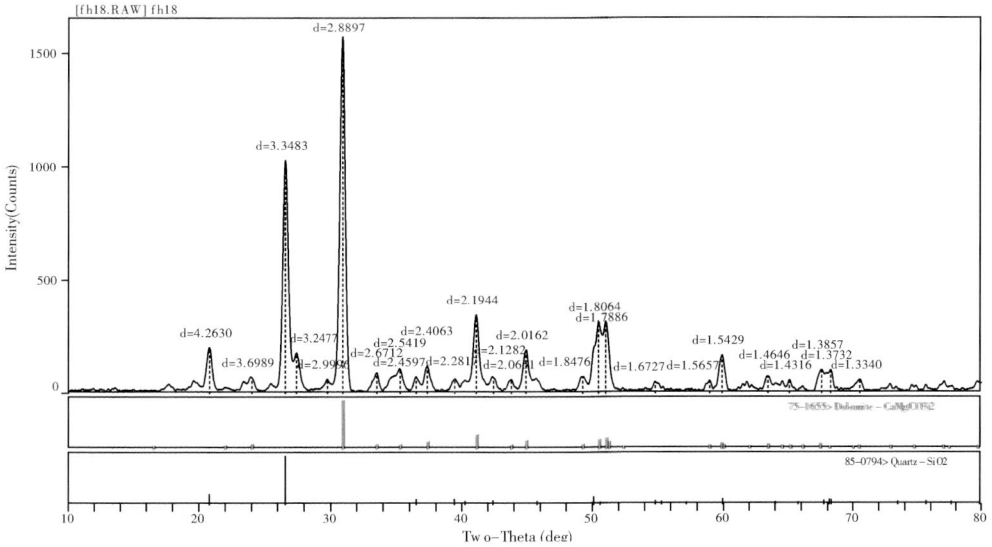

图 4.10　19 号岩石样品 XRD 图谱（石英、白云石）

　　由 20 号岩石样品 XRD 图谱（图 4.11）可见，衍射峰强度最高为石英（特征峰2θ角为 26.60°，d 值为 3.3483，与石英特征峰相符），其次为白云石（特征峰2θ角为 30.90°，d 值为 2.8915，与白云石特征峰相符），有少量微斜长石（特征峰2θ角为 27.48°，d 值为 3.2431，与微斜长石特征峰相符）。

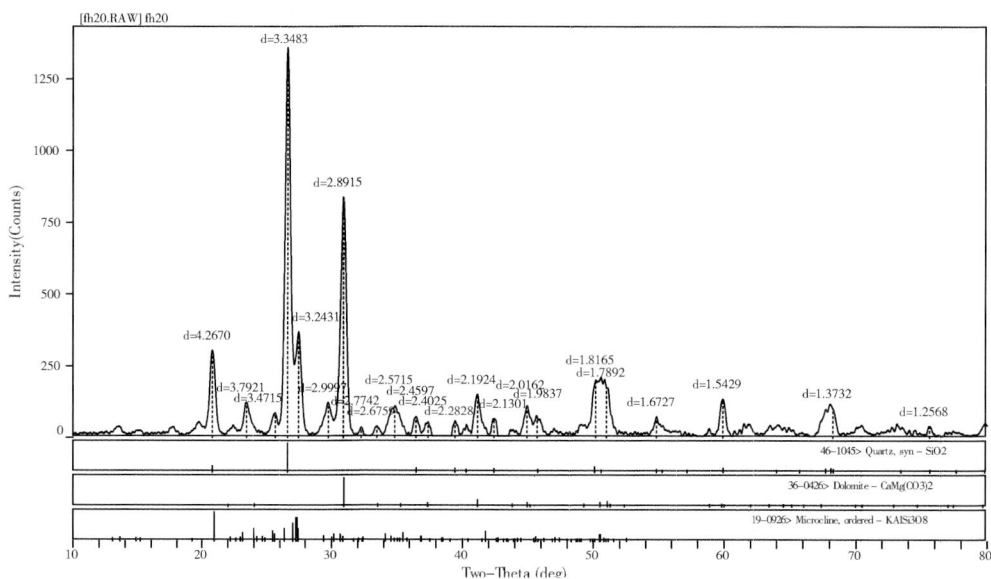

图 4.11　20 号岩石样品 XRD 图谱（石英、白云石、微斜长石）

由图 4.12 可见，燧石结核 SiO_2 含量较高，XRD 图谱显示为石英（特征峰 2θ 角为 26.58°，d 值为 3.3508，与石英特征峰相符），未见杂峰。

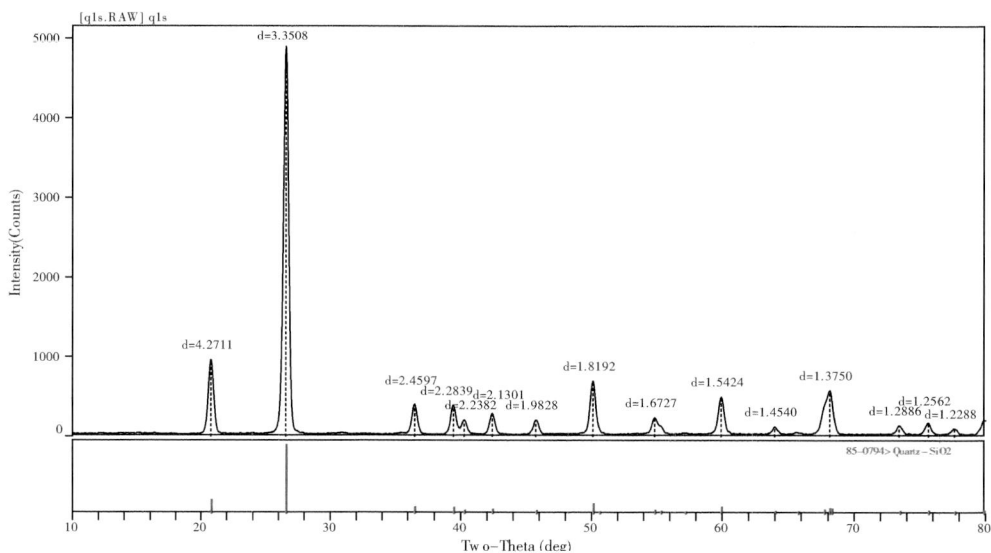

图 4.12　麒麟山 1 号燧石结核岩石样品 XRD 图谱（石英）

由 Q1 号围岩岩石样品 XRD 图谱（图 4.13）可见，衍射峰强度最高为白云石（特征峰 2θ 角为 30.67°，d 值为 2.8897，与白云石特征峰相符），其次为石英（特征峰 2θ 角为 26.58°，d 值为 3.3508，与石英特征峰相符）。

根据上述实验数据分析与鉴定总结结果见表 4.2。

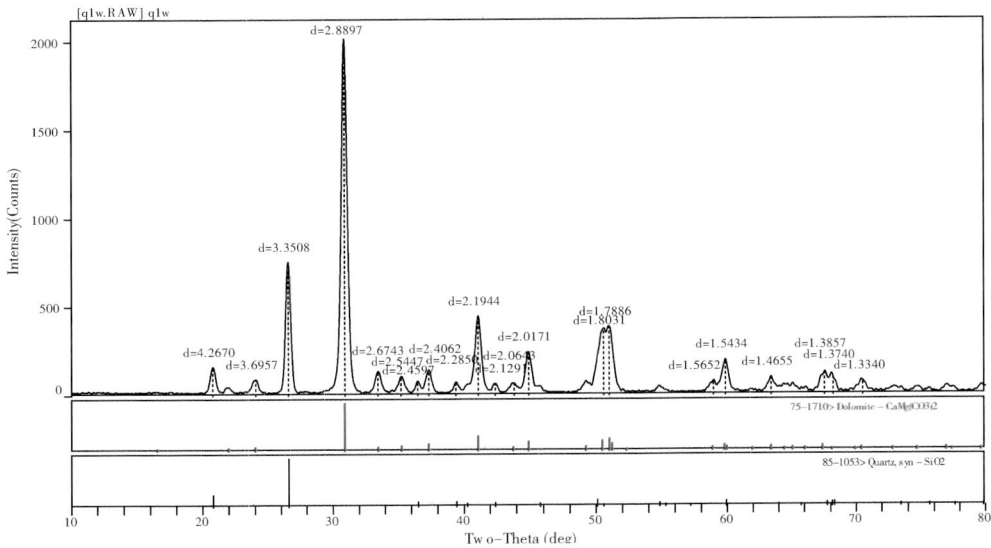

图 4.13　Q1 号围岩岩石样品 XRD 图谱（白云石、石英）

表 4.2　岩石样品鉴定结果

编号	硬度	产状	颜色	XRD 检测主要矿物	鉴定结果
1	5	致密块状	灰	方解石、白云石、石英	灰岩
2	7	致密块状	黑	白云石、石英	白云质灰岩
3	7	条带致密块状	黑灰	石英为主	燧石条带
4	7	致密块状	黑	石英、铁白云石	燧石结核
7	5	致密块状	灰	方解石、石英	灰岩
8	7	致密块状	灰	石英、钠长石	石英岩
9	3	致密块状	白色	方解石	方解石
13	3	片状	紫	石英、赤铁矿	紫色石英粉砂岩
14	3	片状	灰	白云石、石英	白云质灰岩夹粉砂岩
18	3	片状	紫	白云石、石英	紫色白云岩石英砂岩
19	4	片状	黄	石英、白云石	黄色石英砂岩白云岩
20	3	片状	灰	石英、白云石、微斜长石	白云岩石英砂岩
Q1	7	致密块状	黑	石英	燧石结核
Q2	7	致密块状	灰	白云石、石英	白云岩

在 XRD 试验数据分析与鉴定的基础上，为了更加准确地确定似扁虫动物化石出现年代、麒麟山与凤凰山大型动物化石的年代关系、凤凰山核心景区低等藻类化石出现的年代层位，我们对 1 号、4 号、7 号样品采用电感耦合和等离子发射光谱技术及滴定法对主要元素进行测定与分析，见表 4.3。

表 4.3　部分样品主量元素分析结果

成分	XRD（1）	XRD（4）	XRD（7）
SiO_2	18.16	5.13	11.38
Fe_2O_3	0.58	0.17	0.20
FeO	0.93	0.52	0.63
TiO_2	0.280	0.058	0.120
MnO	0.021	0.076	0.027
CaO	36.37	30.24	45.69
MgO	3.81	17.63	1.42
K_2O	3.08	0.20	1.33
Al_2O_3	5.00	0.63	2.77
Na_2O	0.051	0.060	0.067
P_2O_5	0.033	0.009	0.029
LOS	31.90	44.70	36.74

为了进一步研究燧石结核成因，我们对铁岭组和雾迷山组不同地质年代的燧石及围岩进行了地球化学分析，分别对 1 号燧石 (1A)、1 号围岩 (1B) 和 2 号燧石 (2A)、2 号围岩 (2B) 进行元素分析，元素分析及计算结果见表 4.4。1 号燧石和 2 号燧石是 SiO_2 含量分别为 90.44% 和 90.14% 的燧石结核，主要杂质为白云石和方解石。1 号围岩属于燧石结核与围岩的过渡带，过渡带厚度为 0.5~3 mm 不等，SiO_2 含量较高，达到 59.86%，其余主要为白云质灰岩。2 号围岩主要组分为白云质灰岩，SiO_2 含量为 13.60%。

表 4.4　部分样品主量元素分析结果

成分	1 号燧石（1A）	1 号围岩（1B）	2 号燧石（2A）	2 号围岩（2B）
SiO_2	90.44	59.86	90.14	13.60
Fe_2O_3	0.21	0.13	0.16	0.26
FeO	0.39	0.29	0.61	0.55
TiO_2	0.071	0.037	0.093	0.100
MnO	0.025	0.030	0.022	0.027
CaO	2.83	12.47	3.05	29.82
MgO	1.51	8.62	1.26	13.82
K_2O	0.11	0.06	0.09	0.14
Al_2O_3	0.77	0.60	0.87	0.99
Na_2O	0.170	0.073	0.150	0.150
P_2O_5	0.014	0.009	0.014	0.022

成分	1号燧石（1A）	1号围岩（1B）	2号燧石（2A）	2号围岩（2B）
LOS	3.37	18.26	3.29	39.91
K_2O+Na_2O	0.28	0.13	0.24	0.29
Al/（Al+Fe+Mn）*	0.20	0.04	0.23	0.04
K_2O/Na_2O*	0.65	0.82	0.60	0.93
Fe/Ti*	1.24	1.48	0.72	1.09
Fe_2O_3/TiO_2*	2.96	3.51	1.72	2.60
Al_2O_3/（$Al_2O_3+Fe_2O_3$）*	0.79	0.82	0.84	0.79
MnO/TiO_2*	0.35	0.81	0.24	0.27
Al_2O_3/TiO_2*	10.85	16.22	9.35	9.90

* 为数值比例无量纲

4.2 分析讨论

4.2.1 沉积环境

燧石结核中主量元素包括 Si、Ti、Al、Fe、Mn、Mg、Ca、Na、K、P 等，主要富集的元素为 Si、Ca、Mg，其中 Si 为燧石中主要的成岩元素，Ca、Mg 的富集一般与灰岩的混入或燧石中残留的碳酸盐有关，而其他元素的富集则与沉积物来源或沉积环境等有关。关于沉积环境判别标志主要有 3 个：（a）MnO/TiO_2 比值，低于 0.5，一般认为属离陆地比较近的大陆坡和边缘海的硅质沉积物，高于 0.5 则为大洋中的硅质沉积物。（b）Fe_2O_3/TiO_2–Al_2O_3/（$Al_2O_3+Fe_2O_3$）图解判据（图 4.14）。（c）Al_2O_3/TiO_2 比值，小于 10，则认为燧石形成于碱性环境中，可能受海水物质的影响。

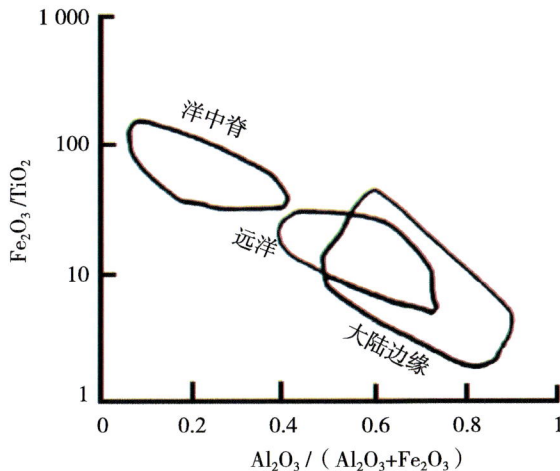

图 4.14　燧石结核的 Fe_2O_3/TiO_2–Al_2O_3/（$Al_2O_3+Fe_2O_3$）图解

1A 和 2A 燧石结核 MnO/TiO_2 比值分别为 0.35 和 0.24，低于 0.5，属离陆地较近的大陆坡和边缘海的硅质沉积物；1A 和 2A 样品在图 4.14 Fe_2O_3/TiO_2–Al_2O_3/$(Al_2O_3+Fe_2O_3)$ 图解中，也落入大陆边缘及靠近大陆边缘的区域；1A 和 2A 样品燧石结核 Al_2O_3/TiO_2 分别为 10.85 和 9.35，也反映其沉积环境为近海沉积环境。

4.2.2 硅质来源

燧石结核中 Si、Fe、Mn、Al、Ti、K、Na 等元素含量的特征对于判断硅质来源也有重要的意义。(a) Al/(Al+Fe+Mn) 值，纯热水沉积的 Al/(Al+Fe+Mn) 比值接近于 0.01，纯生物成因的该比值为 0.6，其值可随着硅质岩中热水沉积含量的增加而变小，小于 0.35 时则认为以热水成因为主。(b) Fe/Ti 值，Fe/Ti > 20 时为热水成因。(c) K_2O/Na_2O 值，K_2O/Na_2O < 1 时认为与海底火山作用有密切相关的硅质岩，以正常生物化学作用为主的硅质岩的该比值远远大于 1。(d) SiO_2–(K_2O+Na_2O) 图解（图 4.15）。(e) (K_2O+Na_2O)–Al_2O_3 图解（图 4.16）。

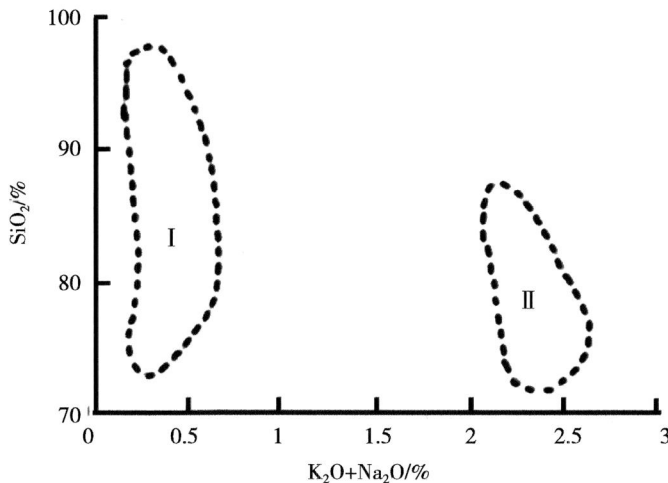

图 4.15 SiO_2–（K_2O+Na_2O）图解
（Ⅰ为生物成因硅质岩、Ⅱ为火山成因硅质岩）

1A 和 2A 燧石结核 Al/(Al+Fe+Mn) 值为 0.20 和 0.23，K_2O/Na_2O 值为 0.65 和 0.60 反映其硅质来源于热液；其 Fe/Ti 值分别为 1.24 和 0.72，远小于 20，反映其为生物成因硅质岩；(K_2O+Na_2O) 分别为 0.28% 和 0.13%，SiO_2 含量分别为 90.44% 和 90.14%，Al_2O_3 含量分别为 0.77% 和 0.87%，根据中山大学周永章和湖北地质调查院潘龙克研究成果，1A 和 2A 燧石成分落在图 4.15 SiO_2–(K_2O+Na_2O) 图解和图 4.16 (K_2O+Na_2O)–Al_2O_3 图解中生物成因硅质岩范围。

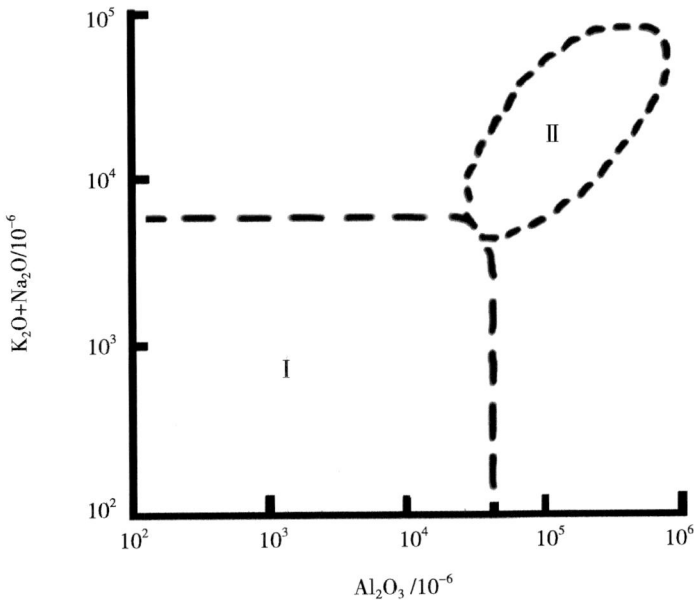

图 4.16　（K₂O+Na₂O）–Al₂O₃ 图解
（Ⅰ 为生物成因硅质岩、Ⅱ 为火山成因硅质岩）

根据沉积环境及硅质来源分析结果及燧石结核有明显过渡带推断：辽宁朝阳凤凰山、麒麟山燧石结核形成于大陆边缘近海碳酸盐沉积环境，以富硅热水为主要硅质来源，兼有生物或生物化学成因，硅质优先交代生物壳体进而交代内部形成过渡带和燧石，形成于碳酸盐岩灰泥沉积之后的早成岩阶段，而早于埋藏成岩的压实作用之前。

4.3　结论

本章对朝阳凤凰山和麒麟山 18 条具有典型地质构造特征的考察线上采集的代表性样品进行了肉眼观察、XRD 衍射分析、元素分析等检测，并结合辽宁省地质志中元古界—寒武纪地层层序、岩性及建造表（表 4.5），综合分析得到以下结论。

（1）实验数据证明辽宁省朝阳市凤凰山南端两个山峰、麒麟山样品属于中元古界地层，成岩年代距今 20 亿至 10 亿年，形成于大陆边缘近海沉积环境。凤凰山核心景区年代跨度很大，低层位早于中元古代，高层位属于寒武纪，凤凰山成岩在距今 28 亿至 25 亿年，25 亿至 19 亿年，19 亿至 10 亿年，10 亿至 5 亿年，形成于海洋深层和大陆边缘近海沉积环境。本书的实验数据与朝阳地质图上的年代基本吻合，只是对凤凰山景区核心区域不同山峰山体剖面的地质层位还需进一步研究和测定。

（2）Al /（Al+Fe+Mn）值、K₂O /Na₂O 反映燧石结核为热水成因，Fe /Ti 值和 SiO₂-（K₂O +Na₂O）和（K₂O+Na₂O）-Al₂O₃ 关系则反映燧石结核以生物或生物化学成因，

由此推断硅质来源以海洋热液为主，形成硅质结核则与生物或生物化学因素密切相关。

（3）燧石结核有明显过渡带，结合沉积环境及硅质来源分析结果推断，燧石结核可能形成于碳酸盐岩灰泥沉积之后的早成岩阶段，而早于埋藏成岩的压实作用之前，硅质优先交代生物壳体进而交代内部形成过渡带和燧石。海底热液提供了硅的来源，燧石的形状是由动物遗体的形状所决定的，所以这是对燧石是海底热液形成理论的进一步完善。

表4.5　元古界—寒武纪地层层序、岩性及建造表（资料来源：辽宁省地质志）

地层层序			岩性及建造		
界	系	统	亚统组	主要岩性	建造类型
古生界	寒武纪	上统	炒米店组	灰质砂岩、竹叶状灰岩	内源碳酸盐
			崮山组	鲕状灰岩、竹叶状灰岩、页岩	
		中统	张夏组	鲕状灰岩夹泥状灰岩、页岩	
		下统	馒头组	紫色页岩、燧石结核灰岩	陆源碎屑
			昌平组	花纹状白云质灰岩	内源碳酸盐
元古界	上元古界	震旦系	殷屯组		
		青白口系	景儿峪组	石英砂岩夹海绿石砂岩	碳酸盐、陆源黏土
			下马岭组	灰绿色页岩、粉砂岩	
	中元古界	蓟县系	铁岭组	白云质灰岩、含锰灰岩、页岩	碳酸盐、陆源黏土
			洪水庄组	页岩、砂岩夹泥灰岩	
			雾迷山组	燧石条带白云岩	
			杨庄组	粉色紫色红色白云质灰岩	
		长城系	高于庄组	白云质灰岩夹粉砂岩	碳酸盐与陆源黏土、单陆源磨拉石
			大红峪组	石英砂岩、白云岩	
			团山子组	白云岩上部为砂岩	
			串岭沟组	杂色页岩夹灰质白云岩	
			常州沟组	石英砂岩、页岩	河源相碎屑岩
	下元古界	榆树砬子	石英砂岩为主		

5 朝阳凤凰山和麒麟山地质构造特征及意义

5.1 地质构造概述

古代对宇宙的定义，在西汉的《淮南子》中这样讲："往古来今谓之宙，四方上下谓之宇。"150 亿年前宇宙诞生，50 亿年前，太阳第一次放射出自己的光辉。之后的数亿年间，地球从小到大，成为围绕太阳运动的一颗蓝色行星。不断运动的地球系统，带来了生命的繁荣和沧海桑田的海陆变迁。

地球自诞生以来，地壳就在不停地运动。地壳的运动造就了地表千变万化的地貌形态，并主宰着海陆的变迁。但一般而言地壳运动速度比较缓慢，不易为人所感觉。但有些时候，地壳运动则表现得快速而激烈，那就是地震活动，并常常引发山崩、地陷、海啸。地壳运动既有水平的运动，也有垂直的运动。由于地壳运动，使岩石原有的空间位置和形态发生改变（沉积岩、火山岩等岩层在其形成之初，基本上是水平产出的，而且在一定范围内是连续的）。岩层由水平产出变为倾斜或弯曲，连续的岩层被断开或错动，完整的岩体被破碎等，这种原生的形态和位置的改变，我们常称之为构造变形，而变形的产物则为地质构造。

纵观在地球演化过程中发生的地质构造运动，主要有以下几种。

5.1.1 迁西运动

迁西运动是发生于中国北方始太古代末的一次构造运动。因河北迁西得名。在冀东，表现为迁西群遭受强烈的变形、以角闪岩相—麻粒岩相为主的变质作用和以钠质花岗岩为主的岩浆事件。在华北及东北南部各太古宙麻粒岩—片麻岩区最具有广泛性和一定代表性，属于一次主要的构造运动。铁架山运动、兴和运动与之相当，为迄今中国境内确定之最早的构造运动。

迁西构造期，简称迁西期，是始古太古代（距今 45 亿至 36 亿年）期间的构造期，迁西期是今中国及周边地区的第一个构造期，是古陆块形成和陆壳克拉通化的时期。由于年代过于久远，目前的研究还极不充分。

5.1.2 阜平运动

阜平运动是古太古代的一次褶皱运动，其时限置于距今 36 亿至 32 亿年。阜平运动在华北各太古宙变质岩区影响较广，它使阜平群及更老地层普遍发生变形和产生以角闪岩相为主的区域变质，并伴随大量花岗质岩浆侵位。

5.1.3 五台运动

五台运动由马杏垣等于 1955 年创名，是新太古早期的一次褶皱运动。是根据新太古界五台群与古元古界滹沱群之间的角度不整合确定的。广义的五台运动应包括甘泉不整合、探马石不整合及金洞梁不整合等 3 个褶皱幕。在华北除太行、吕梁及中条山等地发现不整合界面外，阴山、燕山、辽东、吉南及豫西等地皆已获得与之有关的构造—热事件的同位素年龄数据；在新疆塔里木库鲁克塔格地区，达格拉格布拉克群与上覆古元古界的不整合应与之相当。在扬子古陆西缘康定群中麻粒岩相层位取得 24.51 亿年的锆石 U–Pb 年龄，可能亦属五台运动的构造—热事件之反映。

5.1.4 吕梁运动

吕梁运动是古元古代（距今 25 亿至 18 亿年）期间的构造期，在此期间，在今中国及周边地区发生了吕梁运动或称吕梁事件。

因为吕梁运动在山西吕梁山的表现最典型，故而得名。与此同时，山西五台山地区也有比较强烈的构造运动，学术界称之为滹沱运动（以滹沱河命名），所以也有不少人把吕梁期称为滹沱期。吕梁运动的其他名称尚有中条运动（晋南）、兴东运动（黑龙江）、凤阳运动（安徽）和中岳运动（河南登封）等。吕梁期相当于国际地质科学联合会于 2004 年确定的古元古代成铁纪（距今 25 亿至 23 亿年）、层侵纪（距今 23 亿至 20.5 亿年）和造山纪（距今 20.5 亿至 18 亿年）的全部。

吕梁期的年代久远，目前只能对这期间的构造运动做粗略的描述。在吕梁期，可以识别出构成后世中国大陆的 5 个地块，即原始中朝地块、扬子地块、华夏地块、哈尔滨地块和准噶尔地块。其中原始中朝地块是在吕梁期第一次由塔里木克拉通和中朝克拉通等小陆块拼合而成的，从而形成了统一的结晶基底。其他地块在吕梁期也发生了强度不同的构造运动，但都未能形成统一的结晶基底。

5.1.5 晋宁运动

晋宁运动由米士（P.Misch）于 1942 年创名，是新元古代中期的一次构造运动。晋宁期相当于中元古代到新元古代的时间阶段，距今 18 亿至 6.8 亿年。

晋宁运动是根据云南省中，东部晋宁、玉溪等地南华系澄江砂岩与下伏中元古界—新元古界下部昆阳群之间的显著角度不整合确定的。这次运动发生于距今 8 亿年左右，使昆阳群剧烈褶皱，而澄江组则为后造山磨拉石建造。此不整合在华南普遍存在。前澄江运动、皖南运动、休宁运动、雪峰运动等均与之相当。

分散的古陆核已经联合成为较大陆块，晋宁运动使其焊接，并进一步扩大固化形成相对稳定的大型板块——扬子板块。

5.1.6 加里东运动

加里东运动是古生代早期地壳运动的总称。泛指早古生代志留纪与泥盆纪之间发生的地壳运动，属早古生代的主造山幕。以英国苏格兰的加里东山而命名，志留系及更早地层被强烈褶皱，与上覆泥盆系呈明显的不整合接触状态，形成从爱尔兰、苏格兰延伸到斯堪的纳维亚半岛的加里东造山带。

加里东运动所形成的褶皱带称为加里东褶皱带。1888年由休斯（E.Suess）创用，主要指欧洲西北部晚志留纪至泥盆纪形成北东向山地的褶皱运动。这一时期的地壳运动，使延伸于北爱尔兰、苏格兰和斯堪的纳维亚半岛的北东向格兰扁地槽、西伯利亚的萨彦岭地槽、中国东南部加里东地槽、澳大利亚的塔斯马尼亚地槽及北阿帕拉契亚地槽（古大西洋）形成褶皱山地。加里东运动的完成标志着早古生代的结束。

加里东运动在寒武纪时最主要的地壳变动为升降运动。自早寒武世开始海侵，中寒武世时海侵达到最高峰，海水侵入阿拉伯陆台和印度陆台的北部；到晚寒武世时，由于有些地方陆地开始上升，故海水面积相对缩小，特别是在西伯利亚陆台。寒武纪时，亚洲各大地槽带都沉积有砂岩和石灰岩等地层。志留纪时，在陆台区和中央哈萨克斯坦等大地槽区，有大规模的海侵。整个寒武纪和志留纪末期以前，亚洲陆台基本上是沉降时代和海水侵入时代，这是加里东运动的前半期。早古生代末古大西洋关闭，从而使北美板块与俄罗斯板块碰撞对接，形成"劳俄大陆"。中国西部柴达木板块与中朝板块拼合，古祁连海褶皱关闭。其他许多古海洋（如古乌拉尔海洋、古北亚海洋、古太平洋、原特提斯洋等）都受到加里东运动不同程度的影响，导致各大陆板块边缘的陆壳增生，陆地面积进一步扩大，古老地台更趋向于稳定。

志留纪末泥盆纪初，亚洲的很多地区发生了褶皱运动。在原来的许多大地槽中，发生了大规模的海水后退情况，形成众多高山。这一阶段是加里东运动的后半期，亦即造山时期。贝加尔湖沿岸诸山、东萨彦岭、西萨彦岭、叶尼塞山脉、库兹涅茨阿拉套山、阿尔泰山、唐努乌拉山、杭爱山以及我国华南的加里东褶皱带，都是在这一阶段形成的。至此，亚洲原有的地槽缩小了，而陆台却扩大了。

5.1.7 海西运动

由德国海西山得名。其所形成的褶皱带，称海西或华力西褶皱带。

海西运动起初在德国用于不同时期褶皱、断裂作用造成的任何山地，后限指晚古生代造山运动。海西运动使西欧的海西地槽、北美东部的阿帕拉契亚地槽、欧亚交界的乌拉尔地槽、中亚哈萨克地槽及中国的天山、祁连山、南秦岭、大兴安岭等地槽褶皱回返，形成巨大山系，此时北半球各古地台之间的地槽带变为剥蚀山地。海西运动的完成，标志着古生代的结束。

海西构造期包括泥盆纪、石炭纪和二叠纪。当加里东运动因褶皱造山而终结后，即转入整个地壳比较稳静的泥盆纪，这时没有褶皱运动，只有升降运动。因此在加里东造山带上，形成了许多陷落盆地群，如库兹涅茨盆地、米努辛斯克盆地。在这些盆地里，后来都沉积有泥盆纪、石炭纪和二叠纪地层。泥盆纪末期，海侵现象又为陆地上升所代替，但到早石炭世时，在大地槽和地台上，又有大规模的海侵，一直延到中石炭世，这一时期为海西运动的前半期。

中石炭世时开始海退，接着在中石炭世和晚石炭世之间，就开始了海西褶皱运动。这个造山运动在二叠纪结束，从石炭纪末到二叠纪，为海西运动的后半期。海西运动形成的山脉主要有乌拉尔山脉和哈萨克斯坦、蒙古、长白—兴安褶皱带、秦岭—昆仑褶皱带、祁连山、天山等。海西褶皱运动将俄罗斯地块和西伯利亚地块连接起来，这样就形成了亚欧大陆的雏形。至此，亚洲大陆的面积又一次扩展，而地槽却又一次缩小了。

海西构造期形成的山脉和加里东构造期形成的山脉都可称之为旧褶皱山，由于山脉硬化较早，久经侵蚀，地势已大为降低；而今日的地形，主要是阿尔卑斯期以后所隆起的山块。

5.1.8 印支运动

印支运动又称印支构造期，简称印支期，是晚二叠纪至三叠纪（距今 2.57 亿至 2.05 亿年）之间的构造期，在此期间，在今中国及周边地区发生了印支运动。由印度支那半岛（中南半岛）得名。该时期内形成的褶皱带称印支褶皱带。

法国地质学家 Gromaget（1934）在研究越南的地层时，首次提出印支运动的概念。后经黄汲清的倡导，这一概念在中国也得到广泛使用。最初，印支运动只是指中南半岛和中国华南地区中三叠统与上三叠统地层之间的角度不整合所表现的构造运动，但如今已经把从晚二叠世至三叠纪之间的构造运动都统称为印支运动。

20 世纪上半叶中国许多地质学家对这一时期的地壳运动做过大量研究，并分别以"象山运动""艮口运动""淮阳运动"等命名。对这一时期的运动，有人认为属于晚期海西运动，有人认为属于早期燕山运动。1945 年黄汲清将阿尔卑斯运动划分为印支、燕山和喜马拉雅 3 个旋回。印支运动对中国古地理环境的发展影响很大，它改变了三叠纪中期以前"南海北陆"的局面。包括川西、甘肃和青海南部等地的"雪山海槽"全部褶皱升起；海水退至新疆南部、西藏和滇西一带，仍属特提斯型海域；长江中下游和华南地区大部分已由浅海转为陆地。从此中国南北陆地连为一体，全国大部分地区处于陆地环境。

印支期对于中国地质来说是一个非常重要的时期，在此期间，扬子板块、华夏板块和属于亲冈瓦纳构造域的思茅—印度支那板块、保山—中缅马苏地块均拼合到欧亚板块之上，使中国 3/4 的陆地完成了拼合和统一。

具体过程：华夏板块和扬子板块在中三叠世末期率先完成碰撞、拼合，形成华南板块，二者之间则形成绍兴—十万大山碰撞带；几乎与此同时，思茅—印度支那板块也与之碰撞拼合，之间形成金沙江碰撞带的南段；晚三叠世，保山—中缅马苏地块拼合到华南板块之上，之间形成澜沧江碰撞带的南段；最后，华南板块与在印支期之前已经拼合到欧亚板块之上的中朝板块发生碰撞、拼合，之间形成秦岭—大别山碰撞带（其东段为南黄海嵌入构造所阻断）。由于印支期的构造活动相当剧烈，使发生碰撞的各板块内部都发生了广泛的褶皱变形。据估计，上述四条碰撞带所形成的山脉都不太高，估计海拔不超过 3 000 m；而且由于当时中国大陆的纬度要比今天偏南 10° 左右，4 条碰撞带均位于热带—亚热带区域，炎热潮湿的天气使这些山脉很快就被夷平。今天位于金沙江断层带和澜沧江断层带附近的横断山脉，以及位于秦岭—大别山断层带上的秦岭，都是在印支期以后的构造运动中升高的。

印支运动在中国及其邻区大地构造发展中的意义十分重大。印支运动使亚洲东部 3 个不同陆块（扬子、中朝、西伯利亚）进一步叠接。当时，在西伯利亚与中朝之间（中亚—蒙古褶皱系）和中朝与扬子之间（秦岭褶皱系）都曾发生过强烈的褶皱、逆掩，使地壳进一步叠覆、缩短。在滨太平洋构造域，印支运动标志着西太平洋比尼奥夫带强烈运动的开始。它不仅使中国东部大陆边缘的印支地槽出现褶皱，而且使中国东部大陆地壳开始活化，形成自西向东即由大陆向海洋愈来愈强烈的基底和盖层的褶皱和逆掩，以及相应的岩浆活动和成矿作用。自此以后，中国东部地区转化为滨太平洋大陆边缘活化带。印支运动是特提斯构造带第一次重要的构造活动。这一褶皱带向南经马来、印尼与滨太平洋印支褶皱带相连，向西经帕米尔、阿富汗一直延伸到高加索或更远。

5.1.9 燕山运动

燕山运动（又称老阿尔卑斯阶段）是晚三叠世到白垩世时期中国广泛发生的地壳运动。从 2.1 亿年前左右开始，到 6 500 万年前结束，在地史上主要属于侏罗纪末到古近纪初时期。在我国许多地区，地壳因为受到强有力的挤压，褶皱隆起，成为绵亘的山脉，北京附近的燕山是典型的代表。地质学家把出现在这个时期的强烈的地壳运动，统称为燕山运动。

燕山运动是以北京附近的燕山为标准地区而得名。此后中国地质学家对燕山运动不断进行研究，并提出不同的意见。燕山运动对中国大地构造的发展和地貌轮廓的奠定都具有重要意义，在长江上游形成了唐古拉山脉，也使长江开始逐渐形成。此时中国陆域又有扩大，古地中海继续后撤。由于构造背景不同，燕山运动的强度和表现形式有明显的东、西差异。在大兴安岭、太行山、雪峰山一线以西，为相对稳定的一些大型内陆盆地所在，如鄂尔多斯、四川、准噶尔、塔里木等盆地，它们在中生代期间几乎连续地接受河、湖相沉积，盆地外围已固结了的古生代地槽带，普遍发生基底褶皱；在大兴安岭、太行山、雪峰山一线以东，构造活动较强烈，造成许多北北东或北东向平行斜列的褶皱断裂山地和大量小型断陷盆地，并伴以岩浆活动，特别在东南沿海一带花岗岩侵入和火山岩的喷发尤为剧烈，显示了太平洋沿岸地带构造活动的加强。经过燕山运动，中国地貌的构造格局已清晰地显现出来。

这一时期，东亚构造体制也发生了重大转换，西伯利亚板块向南、太平洋板块向西、印度洋板块向北东同时向中朝板块汇聚，形成了以陆内俯冲和陆内多向造山为特征的"东亚汇聚"构造体系。在这一过程中，晚侏罗世大陆汇聚导致岩石圈急剧增厚，随之引发早白垩世岩石圈垮塌和大规模岩浆火山作用，中侏罗世燕辽生物群向早白垩世热河生物群更替，成为中国大陆和东亚重大构造变革事件，这是燕山运动的基本内涵。

5.1.10 喜山运动

喜山运动，泛指新生代以来的造山运动，发生于第三纪的喜山运动在亚洲大陆广泛发育，有3个主要造山幕：第一幕发生在始新世末期到渐新世初期，海水从青藏高原全部退出，并伴随有强烈的褶皱、断裂及中性岩浆岩的侵入；第二幕发生于中新世初期，有强烈褶皱、断裂、岩浆活动和变质作用等，形成大规模的逆冲断裂和推覆构造，导致地壳大幅度隆起和岩浆侵入；第三幕从更新世至现在，主要表现为高原的急剧隆起，周围盆地的大幅度沉降，以及老断裂的继续活动，部分地区有第四纪火山喷发活动。喜山运动不局限于喜山地区，也影响到中国台湾地区及地中海、高加索、缅甸西部、印度尼西亚、菲律宾、日本和堪察加等广大地带。

雄伟壮丽的喜马拉雅山和阿尔卑斯山脉都是在这一时期形成的，为地壳上最新的褶皱山系。直到现在它的活动仍很强烈，喜山运动后——进入了第四纪。

喜马拉雅运动是中国大陆及周边地区发生的又一次剧烈的构造运动。在喜马拉雅运动期间，印度板块在经过长途跋涉之后终于撞上了欧亚板块，使整个欧亚板块东部再次受到了近南北向的挤压作用，而中国西部受到的影响最大。

在剧烈的挤压作用下，喜马拉雅山脉和青藏高原被迅速抬升，随之形成了大型滑脱构造，在滑脱面之上发育了一系列近东西走向的逆掩断层，其中较大的自南向北依次是喜马拉雅主前缘断层带、喜马拉雅山主边界断层带、喜马拉雅山主中央断层带、定日—洛扎断层带、雅鲁藏布江断层带、噶尔—纳木错断层带、班公错—怒江断层带、空喀拉—唐古拉温泉断层带和金沙江断层带等。这些逆掩断层之间形成巨大的褶皱断块山系，自南向北依次是喜马拉雅山脉、冈底斯山脉、念青唐古拉山脉、唐古拉山脉、可可西里山脉等；断层带本身则表现为山脉间和高原上的低地。

在青藏高原以北，同样出现了一系列的逆掩断层。与青藏高原不同的是，这些逆掩断层的倾向并不相同，因此并未形成像青藏高原那样的叠瓦构造，而是使两条倾向相对的断层之间的地块相对上升，两条倾向相背的断层之间的地块相对下降，从而形成盆岭相间的构造。如康西瓦—昆仑山断层带和塔里木南缘断层带之间的昆仑山地上升，塔里木南缘断层带和库尔勒—乌恰断层带之间的塔里木盆地下降，库尔勒—乌恰断层带和伊林哈别尔尕—亚干断层带之间的天山山地上升，伊林哈别尔尕—亚干断层带和德尔布干—克拉麦里断层带之间的准噶尔盆地下降，柴达木南缘断层带和宗务隆山—青海湖南缘断层带之间的柴达木盆地下降，宗务隆山—青海湖南缘断层带和北祁连北缘断层带之间的祁连山地上升等。

在中国大陆中东部，在东西向的张裂作用下，原有的近南北向的断层如闽粤沿海断层带、郯城—庐江断层带、大兴安岭东侧断层带、太行山东侧断层带、武陵山—大明山断层带等均转变为张裂性的正断层，沿其中某些断层还有花岗岩侵入。同时，还出现了一些新的张裂断层，如汾渭断层带、大雪山东缘断层带等。

南海、东海、日本海也均在这一时期受东西向的张裂作用而大幅张开，成为西太平洋的边缘海。俄罗斯的贝加尔湖也是由在这一时期形成的地堑带积水而成的。

喜马拉雅运动过后，现代的中国地貌基本形成。在中国西部，喜马拉雅运动导致喜马拉雅山脉和青藏高原的迅速抬升，使后者成为"世界屋脊"，并导致昆仑山、天山、阿尔金山、祁连山和阿尔泰山的抬升，以及塔里木盆地、准噶尔盆地、柴达木盆地的相对下降，新疆地区的"三山夹两盆"地貌就此形成。

在中国东部，近东西向的张裂作用则使李四光提出的新华夏构造体系中的三大隆起带和三大沉降带之间的相对高差加大，其中第三隆起带东边的大兴安岭—太行山—巫山—雪峰山一线成为中国地貌第二级阶梯和第三级阶梯的分界线，而第三沉降带南段（即四川盆地）以西的横断山则连同祁连山、阿尔金山、昆仑山一起成为中国地貌第一级阶梯和第二级阶梯的分界线。这种三级台阶的地貌使黄河水系和长江水系最终得以全面形成。

5.2 朝阳凤凰山和麒麟山地质构造比较

朝阳凤凰山位于朝阳城区东 4000 m 处，大凌河从山脚下蜿蜒流过。其山势为东南—西北走向，最高峰海拔 668 m。凤凰山景区包括龙山、凤凰山和麒麟山三部分，南至孙家湾，北至长宝营子，由凌凤街环城东路和环山道路围合而成，占地 67.84 km²。属于松岭山脉北端，华北地台的一小部分。凤凰山核心区域北沟小塔子附近和景区正门道路北侧的山体中有 28 亿年前太古代的地质构造，南侧的龙山（凤凰山最南端的二个山峰）和北侧的麒麟山是中元古代的地质构造，凤凰山景区正门道路南侧到帽儿山的山体中主要有寒武纪的地质构造，帽儿山的东侧有许多奥陶纪的地质构造。

站在朝阳师范高等专科学校的所在地小龙山上，遥望凤凰山（图 5.1），山体中沉积岩的岩层形成清晰的不同特征的层次，山体东侧主要是背斜坡，山体西侧向斜坡，形成东高西低天然的地质剖面，是镌刻着不同地质时代历史的丰碑。从南向北看，最南侧的两个峰（又名龙山）依次是中元古代的雾迷山组和铁岭组地质构造，在南侧的剖面中有中元古代其他组段的地质构造。岩层从南向北推进，南端的地质年代早，向北伸展地层逐渐变新，地质年代离现在越来越近。再向北的山峰是凤凰山的帽儿山，形成非常壮观的寒武纪地质剖面，下统、中统和上统非常明显，其中山体的基部剖面有青白口系的地质构造。

图5.1 凤凰山西南侧观图片

图5.1中左侧的山脉是麒麟山，山体也呈现西侧向斜、东侧背斜的山脉。与凤凰山南端截然不同的是山体的岩层从北向南推进，最北边山体下部有太古代的地质构造，山脉绝大部分是雾迷山组的地质构造，麒麟山南侧第一峰上部有雾迷山组和铁岭组的地质构造，第二峰和纪家窝铺北侧山体是铁岭组的地质构造。

中元古代的地质特点是灰白色和深灰色白云岩间夹着许多圆形、椭圆形、不规则形的中元古代动物化石，有整体化石、各类天然剖面化石，形成数十层有规律的沉积律，同样是天然的中元古代地质剖面景观。凤凰山和麒麟山相距4 km，除了岩石层的走向不同外，同一层位的化石具有相同的特点。除化石的分布规律相同外，在雾迷山组中部都发现大量震积岩岩层，说明在中元古代建构初期朝阳地域经常发生大规模的地震、火山爆发等地质事件并引发大量生物同期死亡，这些生物在海洋厌氧环境中没被分解而被泥晶白云砂包裹，与白云砂一起硬化形成石头，在长期的地质作用过程中，海洋中大量的硅不断与动物体中的碳发生交代作用而形成硅质的化石。这与地质教材中的海底热液形成硅质燧石并没有冲突，它说明的是硅的来源。在碱性环境中硅并不容易沉积，但是有了大量死亡的动物遗体，体内含大量CO、CO_2和其他有机碳的物质为硅的沉积提供了良好的条件，在漫长的地质年代中动物遗体逐渐硅化形成硅质化石。在地球内力的作用下燕辽构造运动旋回期，随着中朝准地台的上升，这些岩层从海洋底部升到陆地上，上升到高山之巅。在地球内力和外力的长期共同作用下形成了现在的地貌景观。

寒武纪的地质特点是碳酸盐岩上有许多藻类植物化石和低等动物化石，岩石深灰色。除山体的地质剖面壮观外，山体的岩层中形成另外一种硬岩石与易风蚀岩（酥的纸岩）交替的十几次旋回构造沉积律，沉积的物质不同，受雨水和洪水的侵蚀冲刷也不同，因此在寒武纪的中统层位发现几处大小不同的溶洞构造。

凤凰山核心景区地质构造复杂，地质年代跨度大，不同山体中地质层位还有待进一步考评、测定，但也能较清楚地看清岩层的走向和剖面特点。凤凰山景区的地质构造就是天然的地质公园和风景景观。那里有许多地球演化和生命演化的奥秘需要人们去发现、去探索、去研究。

5.3 朝阳凤凰山景区的几种常见典型地质构造

在对凤凰山和麒麟山长期考察和研究过程中，我们发现了很多具有代表性的地质构造类型，同时，也发现了一些独特的构造类型，这可能与当时复杂的沉积环境有密切的关系。以下是麒麟山和凤凰山比较典型且有代表性的地质构造。

在麒麟山北部嘎岔村路口处，因修路和采石形成的地质剖面（图 5.2），那里岩层中还没有出现化石（燧石结核），地质年代应早于中元古代。该地质构造南侧和北侧剖面都有一层土黄色泥质岩层带（箭头所指），可能为同一地层结构。路南侧由于地壳运动，东侧相对上升，岩层倾角 45°，形成地垒；中间出现断裂。路北侧岩层也发生了水平向右的明显移动。

图 5.2 麒麟山北侧嘎岔村采石场

图 5.3 凤凰山正门向里行走约 1000 m，道路右侧的古老褶皱。褶皱中部是由于受到巨大的地球内力作用而隆起的。

图 5.4 凤凰山最南端，山体中部中元古代地层（岩层间含大量化石）大部分向斜岩层角度达 70°，说明这里的地壳运动发生的年代久远且运动强烈。

图 5.3 凤凰山山体基部古老的褶皱

图 5.4 凤凰山南坡的向斜岩层角度达 70°

朝阳凤凰山南端和整个麒麟山脉都是中元古代的地质构造，最明显的岩层标志是深灰色白云岩化石（燧石结核）、燧石条带、（图5.5）和灰白色白云岩化石（燧石结核）、燧石条带（图5.6，图5.7），剖面达200多米。在麒麟山地震台考察路线山顶上还发现了火成岩的地质构造（图5.8）。

图5.5　麒麟山的深灰色白云岩之间有化石

图5.6　麒麟山的灰色白云岩之间有化石

图5.7　凤凰山雾迷山组白云岩和化石

图5.8　麒麟山的火成岩

图5.9和图5.10是凤凰山南端山体下部的地层，它记录着中元古代早期地球演化和生命进化的历史，像天书一样，展现在我们面前。

图5.9　凤凰山南端山体下部，中元古代底层有扁形动物化石

图 5.11 为凤凰山南端山体中部雾迷山组的震积岩。震积岩是具有特殊震积构造和震积序列的一种灾变性事件岩。震积岩不同于其他类型的沉积岩，震积岩的主要识别标志有震裂缝、地裂缝、断裂递变层、微同沉积断裂、层内褶皱、假结核、液化砂（泥）岩脉、火焰构造及振动液化卷曲变形构造等。

图 5.10 凤凰山南端山体下部中元古代底层多次地质事件形成的构造

在小塔子顶峰处，岩层倾角达 85° 左右。这也使小塔子成为凤凰山体中比较陡峭的部分，孤峰独秀。在山顶，可以领略朝阳市区的风貌，因此小塔子也成为很多登山爱好者经常光顾的地方（图 5.12）。

图 5.13 是位于凤凰山寒武纪地层的一处构造地貌。形成原因可能是岩层在此处首先发生断裂，进而石灰岩里不溶性的碳酸钙受大气中水和二氧化碳的作用转化为可溶性的碳酸氢钙。由于石灰岩层各部分含石灰质多少不同，被侵蚀的程度不同，久而久之，就形成了现在的地貌。岩石的裂缝足以容得下一个人自由穿过，此处被人们形象地称为"一线天"。

图 5.11 凤凰山南端山体中部的震积岩

图 5.12 小塔子断层

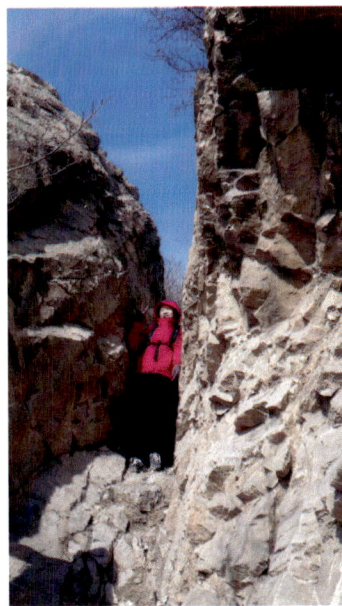
图 5.13 凤凰山一线天

在凤凰山上寒武纪的岩层中有多处大大小小的山洞，有的洞穴深入地下，有的穿透山体，形成窟窿眼山（图 5.14、图 5.15）。在凤凰山核心景区有这样一个景点，远远望去，宛如一只大象在丛林中漫步，因而被人们形象地称为"象鼻山"（图 5.16）。其实上述这些孔洞地质构造都是溶洞。溶洞的形成是石灰岩地层受地下水长期的溶蚀，石灰岩里的碳酸钙在水和二氧化碳的作用下转化为碳酸氢钙不断地流

图 5.15　凤凰山寒武纪溶洞

图 5.16　凤凰山的象鼻山

图 5.14　凤凰山寒武纪溶洞

失，久而久之，石灰岩就逐渐被溶解分割成各种奇异景观，随着造山运动溶洞随着地壳一起上升形成高山中的景观。

　　沿着色彩鲜艳的护坡中的石阶而上，展现在眼前的便是碧波荡漾的一池清水，这就是毗邻著名的"象鼻山"而筑的吉象湖景点。围拥着池水的一圈木制围栏甬道，掩映于绿树碧水之间，游人可以徒步其中，饱览吉象湖的无限风光。群山环绕、绿树成荫、微风浮动的美景里，数以千计的锦鲤成群结队的畅游在波光粼粼的碧水之中，时而跳跃嬉戏，时而逆流向上，令人赏心悦目。

　　凤凰山景区还有断裂（图 5.17）地质构造，在凤凰山上寺卧佛古洞附近，断裂缝（箭头所指）像是被锯开的一条线使岩石发生了非常整齐地移位。

　　在凤凰山中寺通向上寺的路旁有一处明显的断裂带地质构造（图 5.18）。断裂带宽约为 180 cm，两侧的岩石深灰色，非常坚硬。侵入岩（箭头所指）黄褐色，硬度小，说明发生该地质事件的年代较近。

　　中寺下行转弯处有一较大的断裂带（图 5.19），宽约为 100 cm，两侧的岩石也是深灰色，非常坚硬，与中寺上行处岩石是同年代的。侵入岩灰色，硬度很大，说明侵入岩（箭头所指）的年代已经很久远。两处断裂带的距离很近，但断裂的方向和侵入岩的性质、类型完全不同，它们是不同地质年代发生的两个地质事件。

图 5.17　凤凰山上寺卧佛古洞附近的断裂带

图 5.18　凤凰山中寺通向上寺路旁的断裂带

图 5.19　凤凰山中寺下行转弯处的断裂带

5.4　打造古海洋地质构造研究和地质学专业实习、见习的基地

朝阳凤凰山和麒麟山地质构造多种多样、丰富多彩，是天然的地质公园，可作为地质大学学生学习与研究太古代、元古代、古生代地质构造的实习基地。通过对凤凰山和麒麟山的考察和研究，我们发现有多处非常典型的地质构造和地貌类型，这为从事古海洋地质构造研究和地质学研究的学者提供了良好的专业实习和见习基地。通过引导学生实地考察和研究，让学生在掌握和理解课堂专业知识和理论的基础上，具有基本的野外观察问题、分析并解决问题的能力，同时也培养和激发学生的地质思维和科研创新意识，为今后的工作和研究打下坚实的基础。

附件：岩石检测报告

CMA
2015000420G

检　测　报　告

检测批号：　　　　20161061

送样单位：　　朝阳师范高等专科学校

样品名称：　　　　岩　石

样品数量：　　　　8件

批准人：

国土资源部沈阳矿产资源监督检测中心

注 意 事 项

（一）本单位发出的各种报告，仅对客户所送样品负责。

（二）报告未经本单位允许，不得部分复制（完全复制除外）。

（三）对质量有异议，可以提出质量申诉，有效时间：液体试样 15 天，

固体试样 50 天。此限期内，试样不能取走，超过期限，即按重

新送样处理。

（四）自发报告之日起，固体样品免费保存 2 个月，液体样品保存 15

天，过期不取即行处理。特殊情况需要我方代为保管样品者，应

事先说明，并交纳保管金。

地　　址：辽宁省沈阳市皇姑区北陵大街 29 号

邮政编码：110032

电　　话：024-86841768

国土资源部沈阳矿产资源监督检测中心
检 测 报 告

测试环境：温度 25℃ 湿度 50%　　仪器名称及编号：天平

收样日期：2016.12.13　　　　　报告日期：2016.12.31　　　　测试元素：SiO2等

检测批号：20161061　　　　　　检测依据：GB/T14506-2010　　测试类别：岩石

分析号	样品编号	ω(SiO2)/10⁻²	ω(Fe2O3)/10⁻²	ω(TiO2)/10⁻²	ω(MnO)/10⁻²	ω(CaO)/10⁻²	ω(MgO)/10⁻²	ω(K2O)/10⁻²	ω(Al2O3)/10⁻²
1	1A	90.44	0.21	0.071	0.025	2.83	1.51	0.11	0.77
2	1B	59.86	0.13	0.037	0.030	12.47	8.62	0.060	0.60
3	2A	90.14	0.16	0.093	0.027	3.05	1.26	0.090	0.87
4	2B	13.60	0.26	0.10	0.022	29.82	13.82	0.14	0.99
5	3	18.16	0.58	0.28	0.021	36.37	3.81	3.08	5.00
6	4	5.13	0.17	0.058	0.076	30.24	17.63	0.20	0.63
7	5	5.38	0.020	0.053	0.015	50.25	2.20	0.060	0.65
8	6	11.38	0.20	0.12	0.027	45.69	1.42	1.33	2.77

分析号	样品编号	ω (Na2O) /10⁻²	ω (P2O5) /10⁻²	ω (LOS) /10⁻²	ω (FeO) /10⁻²	ω (T. C) /10⁻²	ω (N) /10⁻⁶	ω (S) /10⁻⁶	/10
1	1A	0.17	0.014	3.37	0.39	0.85	244	158	
2	1B	0.073	0.0090	18.26	0.29	4.66	129	95.0	
3	2A	0.15	0.014	3.29	0.61	0.96	219	84.0	
4	2B	0.15	0.022	39.91	0.55	10.43	334	105	
5	3	0.051	0.033	31.90	0.93	10.10	154	179	
6	4	0.060	0.0090	44.70	0.52	11.07	244	105	
7	5	0.058	0.010	41.50	0.35	11.33	219	84.0	
8	6	0.067	0.029	36.74	0.63	7.86	264	169	

打印人：邹晶　　　　校对人：宋淑娥　　　　测试人：徐艳秋

国土资源部沈阳矿产资源监督检测中心

岩 矿 鉴 定 报 告

送样单位：	朝阳师范高等专科学校
鉴定项目：	岩 矿 鉴 定
收样日期：	2016.12.13
报告页数：	3

报告编号：	20161061
数 量：	2
报告日期：	2016.12.26
附 记：	

批准人： （签名）　鉴定者： （签名）　检查者： （签名）

2015000420G

注 意 事 项

（一）本单位发出的各种报告，仅对客户所送样品的检测结果负责。

（二）报告未经本单位允许，不得部分复制（完全复制除外）。

（三）对质量有异议，可以提出质量申诉，有效时间：液体试样 15 天，固体试样 50 天。此限期内，试样不能取走，超过期限，即按重新送样处理。

（四）自发报告之日起，固体样品免费保存 2 个月，液体样品保存 15 天，过期不取即行处理。特殊情况需要我方代为保管样品者，应事先说明，并交纳保管金。

地　　址：辽宁省沈阳市皇姑区北陵大街 29 号

邮政编码：110032

电　　话：024-86841768

岩石鉴定报告

No20161061

标本编号	7	产地		野外定名		2016 年 12 月 26 日

单　位	
肉眼可见	灰色，块状构造。
镜下观察	结构构造：微晶结构，块状构造。 矿物成份： 岩石主要由方解石（65%）、白云石（30%）、石英（5%）组成。 方解石：粒状，单偏光下无色，正交偏光下干涉色高级白，一轴晶负光性。双晶纹与变形解理长对角线对角线方向平行，粒径为 0.01mm±。 白云石：粒状，单偏光下无色。一轴晶，负光性，干涉色为高级白，并具闪突起。双晶纹与变形解理知对角线对角线方向平行，粒径为 0.01mm±。 石英：他形晶，粒状，单偏光下无色透明，正低突起，正交偏光正下干涉色一级黄白。一轴晶正光性，呈脉状分布，粒径为 0.1mm±。
备　考	
岩石名称	含石英白云质微晶灰岩

鉴定者　林维峰　　检查者　徐杨

检测依据：GB/T17412-1998

国土资源部沈阳矿产资源监督检测中心

岩石鉴定报告

No2016I061

	标本编号	8	产地		野外定名		2016 年 12 月 26 日

肉眼可见：灰褐色，块状构造。

镜下：

结构构造：变余斑状结构，块状构造。

矿物成份：

斑晶主要由斜长石（8%）组成。

斜长石：半自形晶，板状，单偏光下无色透明，正交偏光下干涉色一级灰白。发育有聚片双晶。具强帘石化。粒径为 0.8mm 土。

基质：由斜长石及暗色矿物组成，具半自形粒状结构，具强烈粘土化。92%

备考

岩石名称：蚀变闪长玢岩

检测依据：GB/T17412-1998

鉴定者　林细峰　　检查者　徐畅

国土资源部沈阳矿产资源监督检测中心

参考文献

[1] 严贤勤，孟凡巍，袁训来. 徐淮地区新元古代九顶山组燧石结核的地球化学特征 [J]. 微体古生物学报，2006（3）：295–302.

[2] 潘龙克，罗华，刘力，等. 鄂西宣恩娄山关组顶部燧石结核成因及沉积环境 [J]. 资源环境与工程，2016（5）：671–676，691.

[3] 杨锐，李红，柳益群，等. 安徽巢湖地区中二叠统栖霞组灰岩中燧石成因 [J]. 现代地质，2014（3）：501–511.

[4] 高振家，陈克强，高林志. 中国岩石地层名称辞典（上册）[M]. 成都：电子科技大学出版社，2014.

[5] 高振家，陈克强，高林志. 中国岩石地层名称辞典（下册）[M]. 成都：电子科技大学出版社，2014.

[6] 张弥曼. 热河生物群 [M]. 上海：上海科技出版社，2001.

[7] 季强. 中国辽西中生代热河生物群 [M]. 北京：地质出版社，2004.

[8] 张和. 中国化石 [M]. 武汉：中国地质大学出版社，2007.

[9] 雷广臻. 朝阳化石新编 [M]. 沈阳：辽宁科技出版社，2012.

[10] 广州博物馆. 地球历史与生命演化 [M]. 上海：上海古籍出版社，2006.

[11] 万永勇. 水生生物百科 [M]. 北京：华文出版社，2010.

[12] 陈安泽. 中国喀斯特石林景观研究 [M]. 北京：科学出版社，2011.

[13] 傅晓平，伍孟银，赵元龙，等. 贵州凯里生物群中的宏观藻类化石丘尔藻（Chuaria）及其意义 [J]. 微体古生物学报，2011（2）：181–191.

[14] 殷宗军，朱茂炎. 新元古代磷酸盐化外包型腔原肠胚化石在瓮安生物群中的发现 [J]. 古生物学报，2010（3）：325–335.

[15] 唐烽，尹崇玉，刘鹏举. 华南新元古代宏体化石特征及生物地层序列 [J]. 地球学报，2009（4）：505–522.

[16] 唐烽，尹崇玉，高林志. 华北克拉通东部新元古代宏体化石生物地层序列 [J]. 地质论评，2009（3）：305–317.

[17] 王约. 黔—渝地区新元古代伊迪卡拉纪陡山沱期宏体生物群 [D]. 北京：中国地质大学，2009.

[18] 洪天求，贾志海，尹磊明，等. 淮南地区新元古代九里桥组的疑源类化石组合及其生物地层学意义 [J]. 古生物学报，2004（3）：377–387.

[19] 华洪，张录易，张子福. 陕南末元古代高家山生物群主要化石类群及其特征 [J]. 古生物学报，2000（4）：507–515.

[20] 万晓樵，吴怀春，席党鹏，等. 中国东北地区白垩纪温室时期陆相生物群与气候环境演化 [J]. 地学前缘，2017（1）：18–31.

[21] 陈登辉. 辽西早白垩世义县组湖相碳酸盐岩及其沉积环境研究 [D]. 沈阳：东北大学，2010.

[22] 皮照兴，白天莹.科学技术概论 [M].北京：经济科学出版社，2009.

[23] 白天莹.中元古代食肉动物化石的发现及其意义 [J].辽宁师专学报，2016（3）：6-8.

[24] 尹崇玉，高林志，刘鹏举，等.中国新元古代生物地层序列与年代地层划分 [M].北京：科学出版社，2015.

[25] 孙革，张立君，周长付，等.30 亿年来的辽宁古生物 [M].上海：上海科技出版社，2011.

[26] 赵元龙.凯里生物群——5.08 亿年前的海洋生物 [M].贵州：贵州出版社，2011.

后　记

　　朝阳生物群的发现和命名是古生物研究领域的又一重大事件，把多细胞动物起源的历史至少向前推进了 8 亿年，另外，证明了雾迷山组的燧石结核是中元古代动物化石的主要形态，一定会引起古生物学界和地质学界的广泛关注和质疑。虽然我们是专科学校的课题研究团队，但是我们有一批不辞辛苦、乐于奉献、刻苦钻研、求真务实、敢于挑战的探索者，走别人没走过的路，做别人没有做过的事。我们有先进的仪器设备做支撑，科学的研究方法、严谨的治学态度、精准的实验数据支持我们的观点，因此我们的观点也经得起实践的检验。

　　在交完书稿等待评审结果时，我思考了这样一个问题，我们在电镜下看到了化石细胞的细胞核、线粒体、内质网、核糖体等亚显微结构，那么无机态 SiO_2 和木化石中 SiO_2 的显微结构又是怎样的呢？于是，我在网上查找答案，使我不仅知道了动物化石、木化石和无机态硅三者的 SiO_2 结构截然不同，还意外发现了"丧失细胞"技术。这项技术是由新墨西哥大学桑迪亚国家实验室的科学家发明的，它可以把现有生物经过硅酸处理后形成化石，SiO_2 超强的硬度覆盖在细胞表面，使有机体或细胞可以承受 400℃ 的高温以及巨大的压力，可以完美保持其生前的形态和结构。这项发明恰好科学准确地解释和验证了我们的实验观察结果是正确的。

　　感谢中国地质大学的胡克教授，是您第一次让我知道了雾迷山组、燧石结核不是化石的知识，让我明确了课题的研究方向并了解了课题的重大意义。

　　感谢中国地质科学院、中国科学院古脊椎和古人类研究所的古生物学家的质疑和对课题研究提出的诚恳意见，开阔我们的研究思路，使我们的论证更趋于完善。

　　感谢尹崇玉研究员和高林志研究员赠送的珍贵书籍，更感谢高林志研究员对课题研究方法的肯定，给我们的研究以极大的鼓舞。

　　感谢辽宁省地矿厅领导专家、国土资源部沈阳矿产资源监督检测中心的领导和研究员、东北大学新材料技术研究院教授对我们的实验研究给予了极大的帮助，保证了我们的实验如期完成。

感谢辽宁省第三地质大队的领导、专家给予我们查阅地质学资料提供的方便和野外考察方法的指导。

感谢朝阳凤凰山景区管理委员会领导、凤凰山景区管理处领导对我们野外考察的大力支持。

感谢朝阳师范高等专科学校领导和相关部门的大力支持。

感谢课题组全体成员的辛勤付出。

"朝阳市凤凰山与麒麟山地质构造和化石种类比较研究"课题达到了预期的目的，但是朝阳生物群的研究却刚刚开始，朝阳生物群的动物化石形态构造很难辨认，本着对科学负责的态度，本书基本没有对化石进行命名，以后我们将坚定不移地继续研究下去。

白天莹

2017 年 4 月